幸福的小种子

しあわせを生む小さな種

〔日〕松浦弥太郎————著

徐萌————译

中国出版集团　现代出版社

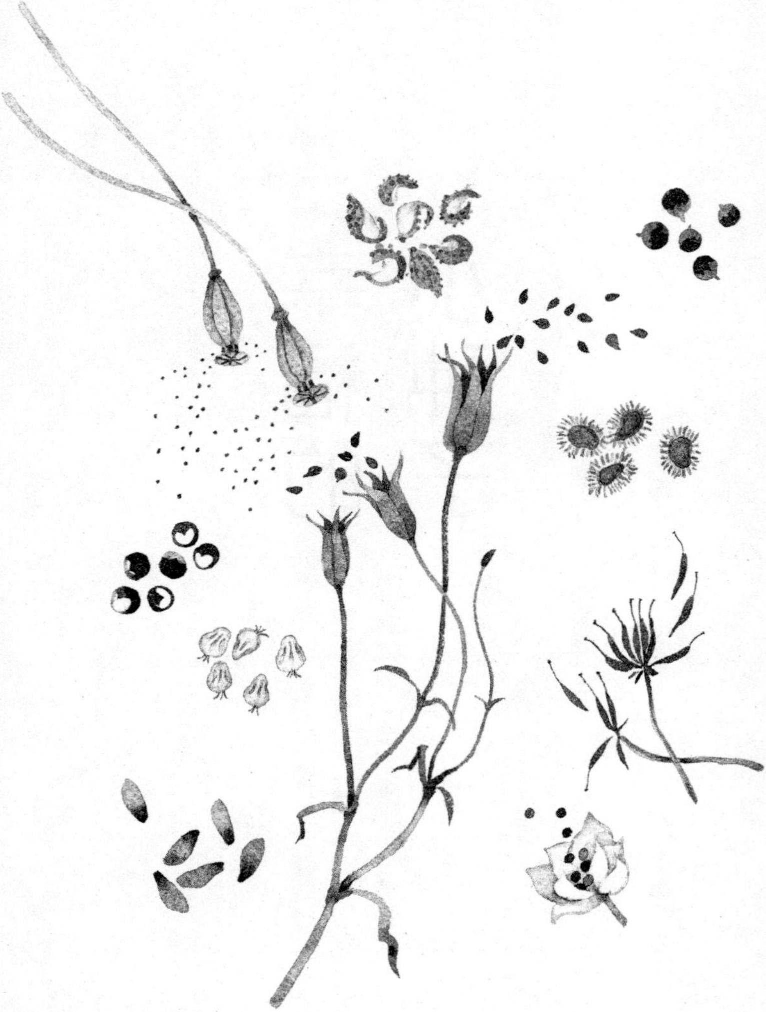

我找到的一定能开花的幸福种子

所谓幸福，既不能用钱买到，也无法顺手偶得，更不会某一日突然从天而降。

亲手播撒自己选择的种子，然后浇水、施肥，用心呵护种子发芽、生长，首次绽放花朵。我觉得幸福就是这样一种感觉：日复一日地孕育出"今日份精彩"。

在我非常喜欢的书中，有一本诗人理查德·布劳提根的 *Please Plant This Book*。这是 20 世纪 60 年代美国出版的为数不多的书籍之一，如"请种下这本书"的书名所示，出版商真的随书附送了一些植物的种子。

虽然本书没有附赠植物种子，但其实书中塞满了可以绽放幸福之花的点子，您只要将本书中的若干提示加以实践，进行"播种"即可。选择哪一类种子便是您的自由了。

这本书是一粒可以帮您绽放幸福之花的种子。在书中，我会将自己找到的"真正可以开出幸福之花的种子"分享给大家。

请将这本书播种在您每日生活的某处吧！

松浦弥太郎

目　录

第三章　你想建造怎样的花园

第四章　能为美丽的花园做到的事

序　章　**打造心灵的花园**

孕育『今日份精彩』的准备工作

用自己培育的花朵制作花束

在很长的一段时间里，我都认为"如果要送礼物，花束是首选"。

无论对方是男是女，花都能帮我们传递心意。祝福、关怀、珍视——不用附上卡片，花束本身就能帮我们传递这些情谊。

平日里，我会经常为自己买上一束花。多数时候我会选择白色的花，也不会买很多。不过，花的作用不容小觑，哪怕一枝也能舒缓心情。

出人意料的是，平时把鲜花当作礼物的人好像并不多见。

其中的原因有很多，但我认为最主要的原因是在人们眼中"花束是一种具有特殊意义的、华丽的礼物"，所以大家在选择送花时会有些犹豫。

如果要送出的是一束由数十枝艳丽的玫瑰组成的

豪华花束的话，那么产生这种顾虑则可以理解。

但是，谁规定送人的花束必须如此华丽呢？

我们可以在自家院子里太阳照射不到的地方摘几枝自然绽放的三色堇，也可以分享几枝阳台上花盆里种植的薰衣草。哪怕是用不起眼的小花扎成的非常小的一束花也能传递心意。

高端花店制作的花束固然精致，但相比之下，自己发现、自己培育的花能向对方传递更丰富的信息。

令人不可思议的是，我们对于幸福好像也产生了和对花束相同的误解。大家往往会认为幸福很稀有，难以企及。

比如，刚刚成年的年轻人大概是切身感受到了当今时代生存的艰难，所以他们总在说自己没什么梦想。

这些年轻人或许认为，"未来能过得幸福的安全感在哪里寻找呢？""幸福之类的幻想没什么用""什么都不愿去想"。因此，有人深陷烦恼，有人则幡然醒悟——船到桥头自然直，过好现在的日子就行了。

而那些已经有了一些阅历的成年人则会说："我曾

有过很多梦想，但现实是残酷的。"

这些成年人或许认为，"现在谈幸福什么的太晚了""漂亮话不能当饭吃"。所以，有人学会了敷衍了事，有人习惯掩饰自己厌倦的情绪，以致弄丢了真正的自己。成年人有时会把自己困在年龄这一狭小的牢笼里。

但是在我看来，幸福不是一件独一无二的大事，而是微小琐事的集合。

收获幸福，并非如同得到了全世界最美丽的玫瑰花似的梦幻物语，而应该是将自己悉心培育的小花，一朵朵地捆扎在一起。

无须强求一捧多么大的花束，珍惜每一日的小小花朵，并怀有一颗感恩之心，这就是我眼中的幸福。

不用在意物品大小、华丽与否，那些稀松平常的、微不足道的小物件往往才是带来幸福的宝物，我越发体会到人们应该尽早意识到这一点。

○你的手心里已经握有幸福的种子。

赠人花种

赠送花束，能够表达鼓励或感激的心情。所以，一直以来，我都会给自己珍视的人赠送花束。

但是，这几年我的想法有所改变，因为我发现，比花束更好的礼物是种子。

每日，播撒幸福的种子，无关数量多少。日日为它们浇水，无论晴雨都悉心照顾，施肥除虫，最终，这些种子会在你的精心呵护下绽放出小小的花朵。如此循环往复，自己的花园就会渐渐被鲜花填满。这便是我心中的幸福。偶尔采撷几枝花，赠送给家人、朋友和每天见面的人吧，这也是非常幸福的事。

不过，请不要把全部的花都摘掉，留一些孕育种子，然后把种子赠给重要的人种植。这是更有分量的幸福感，也是更好的礼物。

"种子需要从头开始培育，费时费力，会给对方添麻烦。"

"送花看起来比较好看，而且能马上让对方高兴起来。"

曾经我也这样考虑过。但是，成年有了一些阅历后，如今的我产生了一些不同的看法："别人送的花束再美，也绝对比不上自己用双手从种子培育起来的、绽放在自家院子里的花。"

给珍视之人赠送花种，就相当于表达了对对方的信任——你可以种好自己的花。所以，这本书是我赠送给你的花种。

请将种子播撒在你的花园中，使其绽放出无数朵只属于自己的幸福之花吧。你绝对拥有这样的能力。

花会因生长的地方和培育之人的不同而有所变化。将幸福的种子播撒下去，就会开出或大或小或中等的、各种颜色、品种的花朵。

摘下一些花赠予他人，再培育出一些种子送人；而这些种子又会在别人的花园里绽放花朵。如此循环，我们周围，不，全世界都必定会发生改变，一定会变得更加美丽。

与其独自欣赏花朵绽放，不如让许多人的花园、让全世界开满鲜花更令人喜悦。一想到这番景象，我就不由得嘴角上扬，整个人都变得元气满满了。

　　○希望自己能像蒲公英一样，将种子播撒至全世界。

修整心灵的花园

在本书中，我想告诉大家培育幸福种子的方法，因此把格外重要的两点写在这开篇里，只有这两点我一定要讲得清楚明白。

首先，播撒的种子终究会开花。

时常会听到有人说自己"工作普普通通，并没有什么特别的才能"，或是"我待在家里，不怎么接触社会，所以没什么贡献"。

言下之意，就是既无法让花开放，也没有可以播种的院子，就此把自己掩盖起来。但是，我完全不这样想。

无论哪一种工作，都需要发挥个人的作用，每个人都有不同的才能。比如，在我看来，家庭主妇不求金钱回报，每天为了家人的生活尽心尽力，是最值得尊重的职业。

　　而且，任何人心中一定都有自己的专属花园。有的人是宽敞大气的植物园，有的人是精致可爱的小庭院，有的人是花箱，有的人是花盆，虽各不相同，但它们的意义和价值是一样的。

　　另外，花园的大小每天都在变化，有时昨日还在侍弄花盆的人转眼就变成了庭院的主人，反之亦有可能。大小并不是问题，无关乎好坏。

　　重要的是，不要让自己的花园变成荒芜之地。如果无人踏足，少有看顾，地方再大也只能隐于树丛之后，没人看得见。若任由空空的花盆东倒西歪地散落在阳台上，你的心也将就此干涸。

　　但如果能珍惜自己的花园，精心修整、耕耘，每个人都能在心中拥有美丽的花园。有花园就可以播种，只要播种就不愁等不到花开。

　　其次，我想告诉你的是：播种、培育、浇水都要靠你来完成。

　　我通过这本书把种子交予你，但并不打算进行说教。

愿你在读过这本书后，能受到启发并有所行动。这种行为便是最为关键的"播种"。倘若你在"播种"过程中感到不安，希望我能用我的"花一定会绽放"的经验来鼓励你。

　　"播种虽然很容易，但是很担心不发芽、不开花。"——我会尽力帮助你消除这样的担心，所以，请务必拿出播种、育种的勇气。

　　〇做花园主人，让幸福之花盛开。

千里之行始于足下

我常常在想，人无论何时、无论年岁几何都可以改变生活方式和生活状态。"改变"可以使人成长。

一个人的改变，往往从"决定改变"的那一刻开始。

无论你多大岁数，请先忘记自己的年龄吧。

因为年龄有时会过分加强人的"自我保护意识"。

我们总能听到"你应该活得像 ×× 岁的人一样沉稳一些""我已经 ×× 岁了，不这样做也没办法""多年来一直都这样做，这种做法是最好的"，有些人会随着年龄增长越发保守，有些人会以年龄为由变得消极，而有些人则会在岁月更迭之中，为自我保护意识所困。

其实，年龄并不是决定一切的因素。

只要拥有坦然包容万事万物的心态，无论你年岁几何，也能如同少男少女一样，不，是像婴儿一样茁壮成长。

放下执念，从零开始，精心培育一个焕然一新的自己。心态的转变，能令自己改变、成长，变得更加优秀。我想，没有比这更令人欢欣的事了。

在与年长的优秀人士的交往过程中我发现，他们大多数心思活跃、通达，认为"明天我又将成为一个崭新的自己"。

那么，就从心中的花园开始着手吧。

若你觉得自己年龄大了不能素颜出门，还请不要考虑什么发型适合自己，麻利地束起头发，用洁面皂把脸彻底清洁干净，宛若新生。

现在，请试着重新正视自己内心的花园。

"千里之行，始于足下。"这是我非常喜欢的一句话。请你鼓起勇气，迈出第一步吧。

○任何时候都有机会成为"崭新的自己"。

第一章 **成为更好的自己**

每日播撒小小的幸福种子，哪怕一粒也无妨

"等待"与"坚持"最重要

播种，意味着等待。

我喜欢风信子，无论是土栽还是水培。特别中意它自由自在、茁壮生长的样子。而且，种下去之后，往往并不知道会开出什么颜色的花，这是一份期待。另外，花开后的香气也是清新怡人的。

但是，每日播种幸福的种子和种植风信子的方法略有不同。

无论何种职业、什么身份，在工作和生活中我们面对的都是相同事物的循环往复。这些事往往看似单调乏味，毫无进展，也不似风信子的根和芽一般能看出茁壮成长的轨迹。

正因如此，我才希望你能明白：即使播下种子，也未必马上能有所收获。若你不懂得这点，就会因播下的种子不发芽而气馁，从而放弃播种，半途而废。

日复一日地重复同样的事很是无趣，孜孜不倦地坚持更是辛苦。如果我们看不到变化，那么总会怀疑自己的努力都付诸东流了。所以，我们总是希望通过找刺激（尝试打破规律的生活、改变生活习惯，或是换一份工作）来寻求变化，满足自我。

　　但是，通过找刺激获得的改变都是暂时性的。比如，有些人会认为现在的工作一成不变，也没什么发展，如果他们不改变自己，即使成功跳槽，站在另外一个舞台上，也只会上演同样的戏码。而有些人则为了寻求改变，走马灯似的更换朋友或恋人，可若不改变自己，仅仅出场人物有变动，也只是重复相同的故事。

　　我们需要努力抑制住渴望通过外界变化寻求刺激的想法，同时认清一个事实："重头戏"就存在于一成不变的日常生活之中。因为一成不变的日常就如同树干，变化只不过是枝叶而已。

　　播下种子，打造自己的花园，就意味着忍耐再忍耐，以淡泊的心态重复相同的日子。慢一点也无妨，只要坚持下去，每一天都像是在做乘法一样，这份努力一定能体现在结果中。或许其间会断断续续，这种反复也都是在做加法。换而言之，在我看来，只要认真过好每天的生活，就是在播种、培育，总有一天能绽放出花朵。

"为了开出红色的花，所以种这种种子"——无须这般刻意计划，请尽管播撒各种各样的种子，并坚持浇水，它们会自然而然地成长。不用期待结果，待到我们在不知不觉间开始对坚持这件事心生好感的时候，花儿就会在某一刻一同绽放，这是我最近的发现。

回想曾经的自己，也为了有意识地制订出的目标而努力过很多次，但从整体来看，这些仅仅占了很小的一部分。我大部分的人生都是在别人设定好的环境中，平平淡淡、踏踏实实地坚持做好别人交给我的工作。无论是 COW BOOKS，还是《生活手帖》，或是写作的工作，都是在各种因缘际会之中，别人在既定的环境中委派给我的工作。这些工作的确有些单调，工作内容也平淡无奇。

　　早上在固定的时间起床，在固定的时间吃饭，在固定的时间工作，晚上在固定的时间回家。这样的生活日复一日。基本上不会出现"今天我成功完成了这件事"之类的立竿见影出成效的情况。大多数情况都是结果难见分晓。

　　当然，若你无法乐在其中，就很难把工作坚持下去。所以，我们需要想办法寻找工作中的乐趣。尽管如此，人还是会在单调的生活持续一段时间后产生不安感。

　　"日子就要这样过下去吗？"

　　"这样下去自己会完蛋吧。"

　　可是，当我默默地写了 15 年文章，COW BOOKS 和《生活手帖》的工作分别坚持了 12 年和 8 年之后，我意识到一件事：自己仅仅做到了坚持而已，而我的花园却已经在不知不觉间绽放出若干花朵。并且，很多盛开的花朵并非我刻意种下的，它们都十分美丽。

　　另外，还有一份意外的惊喜：我的种子还在风的帮助下把花种在别人内心的花园里，这让我意识到世间还有这种出人意料的幸福存在。

　　能否有结果，能开出什么样的花朵，都是因人而异的。

　　不过可以肯定的是：如果我们什么都不做，种子就不会被种下；但是只要肯踏踏实实地把一件事坚持下去，哪怕只是微不足道的事，种子也能生根发芽，慢慢长大。

或许你会认为"我也没做什么了不起的事，既没有梦想，也没有目标"，但即便如此，你在每天的生活中也应该有自己在做的事。只要你能认真对待每一天的生活，哪怕种下的种子名为"平淡乏味、一成不变的每一日"，它也能茁壮地成长起来，并开出你意料之外的花。

其实，你的种子每天都在发芽，只是你没有发现而已。也许你只是有些疲惫，或是没有信心，抑或是没有观察花园的时间而已。

<u>坚持，仅这一点就已经算是很了不起的播种。</u>

○让我们做一名园艺师，培育一种名为"每一日"的种子吧。

"生活"是值得尊敬的工作

道元的《典座教训·赴粥饭法》是我很喜欢的一本书，也是我的案头书。

道元生于镰仓时代，远渡中国学习佛法后成为禅宗之一曹洞宗的开宗之祖。"典座"指的是禅宗修行中制作饭食的修行。那本书简洁且具体地介绍了应该以怎样的心态准备食材，餐具怎样清洁收纳，以及制作过程中应该抱有怎样的心境。

该书的白话译文中对典座的解释为："只有发深心求悟之人才能担任的、令人羡慕的职位。"我看过之后豁然开朗。

我们的工作五花八门，外出奔波、为别人做事、做出对别人有用的东西都能挣钱。但其中最值得尊敬的工作就是大家常说的"家务"了。

如果潦草地对待"生活"这份值得尊敬的工作，其他任何工作都将一事无成。我们都应该注意在这一点上不能本末倒置。

打扫卫生间、洗衣服、做饭，有些人的事业成就越高，就越厌烦、嫌弃做这些家务。这些都是我们应该认真对待的，而且我认为也是一种形式的播种。

"像保护眼睛一样，珍惜常用物品。"

这本书还教育我们："要像对待眼睛一样珍惜食材，日常生活中使用的物品才真正重要，所以应该悉心对待。"读后我恍然大悟。我想，这是很久以前的高僧在教导我们：我们应该最为珍惜、认真对待那些平平常常、理所当然的事。

比如做饭、打扫、洗衣、倒垃圾、关怀家人，首先我们应该怀抱着感恩之情来对待自己生活场景中的这些必要工作，才能保证其他各项工作的进行。

"我在外面奔波，顾不上家里的事。""又不能挣钱，就不要在家务上浪费时间了。"——我希望大家不要再有这样的想法。

能挣钱的工作固然重要，不过，不起眼而且没有钱可赚的家务也是我们的工作之一。如果一心只专注于那些受人瞩目、能见到结果的事，我们的心灵花园就会日渐荒芜。为了能给予心灵花园的土壤更多营养丰富的物质，请珍惜"生活"这项工作吧。

○请兼顾"职务"与"家务"两种工作。

找到自己的基本

我认为，无论生活、工作还是人际交往，关键在于拥有自己的基本。比如，在生活中以何事为重，每天工作的基本是什么。相信你也一定有自己的基本吧。

这些"基本"与"待办列表"和"本月目标"不同，因为过于理所当然，可能我们根本就没有意识到它们的存在。所以，请试着用笔把这些让自己开心的事，想要认真对待的事，或是用心守护的事，等等，都写在纸上。

写一写日常小事就可以，比如"和家人一起吃饭""把每天都当成是崭新的开始""收拾好工作台之后再回家"。也可以尝试把一些很单纯的想法，如"××对自己很重要"用语言表达出来。通过把这些模模糊糊的感觉清晰化，你一定会有新的发现。将这些写在笔记本或是日程本上都可以，请试着写出你的基本吧。

我也记录了自己的基本，比如"要像父母对待婴儿一般对待蔬菜、鸡蛋等食材，以及生活器具、服装、植物等身边的一切物品"。

这是我对上一篇中介绍的道元高僧教诲的新理解。重新读过后，我又产生了新的认识：优雅的生活都是由这般心境塑造出来的。

另外，我还对"怎样才能在生活中保持良好情绪"进行了思考，最终写下了我的"七个基本"。

①在天气好的日子里去景色好的地方散步。

这一条看似平常，其实接触大自然非常重要。

②阅读美妙的诗文。

③聆听优美的音乐。

读书、听音乐这些文化的熏陶，对自我成长很重要，能为你摄取充足的养分。

④友善待人。

这与我的生存护身符"诚实、友善"相关联。我希望自己能认真对待需要为他人尽全力的事。

⑤做好家里的清洁整理工作。

虽然写的是"家里"，其实我的工作场所COW

BOOKS 和《生活手帖》编辑部也一样。如果不把这些自己要待很长时间的地方认真整理、打扫干净的话，工作上就不会有什么成果，很难坚持下去。

⑥尽可能保持健康。

健康的基本是早睡早起，饮食有节。这也是我每天都在注意的问题。

⑦享受爱好。

放松、充实内心需要拥有自己的爱好。爱好可以帮助我们培养兴趣和好奇心。我目前的爱好是弹吉他。

如此这般，了解自己特有的生活哲学，也就是"基本"，并且每日认真实践，从而像擦玻璃一样细心照料自己的日常生活。事情虽然微不足道，但在我看来这些行动都是我们实实在在培育的种子。只要不断更新、推敲自己的基本，这些种子迟早会成为我们生存下去的护身符或宝物。

○试着写出属于你的"七个基本"吧。

全家一起吃晚饭

珍视家人、敬重祖先——这也是为了我更好地做好每一天自己很重视的事，是为了未来的播种。

在我身边有一些前辈，我很欣赏他们的生活方式，很想向他们学习，他们就像我的人生导师一样。通过聊天，我得知他们都经常去扫墓。生命的延续就如同播种一样，如果没有祖先这粒种子，就没有现在的我们。这真是一种奇妙而伟大的联系。

"祖上积德才使我能够降生于世"——我希望自己能够重视这种感恩之念。

于是，我也向我的人生导师学习，每年扫墓4次，并且每天心怀对自己被赋予生命的感激之情。如果没有这样的仪式，我想自己可能很难培育出健康的种子。

珍视家人也是同等重要的事。这也是从导师们那里学习到的。无论怎样，我都会在每天晚上7点与家人共进晚餐，这个习惯让我引以为豪。与家人吃晚餐比工作、爱好和应酬都重要。我的生活与工作的安排都会以这一条为基准。

或许有人会问："为了7点吃晚饭，工作几点开始，几点结束？如此一来，晚上要几点睡觉，早上几点起床呢？"

为了能7点钟和全家人一起吃晚饭，我就必须在下午5点半离开公司。为此，我需要早一些开始工作，并且提高工作效率。

无论发生任何变化，这个习惯绝对不会改变，从各种意义上看，我都得到了很好的结果。举例来说，我在有限的时间里精力集中了，所以工作更得心应手了，而且只要维护好家庭这一人际关系的根基，也能改善其他人际关系。

就好比我们在评判一家公司的时候经常会提到，业绩平平但尊重员工的公司也同样会重视顾客，这样的公司往往比较稳定。

当然，我们夫妻之间会有争执，家中也会发生龃龉。无论是女儿还是妻子，想必都有过不想和我讲话的时候吧。

即便如此，我依然去扫墓，每天进行感恩的仪式，晚上7点全家一起吃饭。哪怕一言不发，我也要和家人一起拿起筷子。这样能让家庭成员都感受到"家人是最重要的"。

○在一天结束之际，全家人交换幸福的种子吧。

身心健康

一个人能常保健康，没有比这更重要、更了不起的事了。在我眼中，健康，相当于有活力，这是使自己拥有幸福生活的基础。

所谓健康，并不仅仅指的身体健康。有的人宿疾缠身，有的人生来就有缺陷。而到了我这样的年纪，身体也会出现各种不适。

20岁时的我比现在要健康许多。如今到了47岁，已经不可能达到20多岁的状态了。但是，我完全可以保持47岁应有的健康状态。

所以，每个人都有与自己年龄相适应的健康状态，保持眼下自己最好的状态就可以称得上健康了。我认为纠结体重、体脂和血压等数值并被其左右是没有意义的。

我们可以以这些数值为参考，但是如果以此得出

结论——"数值是 × ×，所以身体不健康""我 × ×
不太好，所以达不到健康水平"——从而自暴自弃的
话，就有问题了。

健康也是一种心态的表现。

人的身体状态可以反映出内心的状态，从这一点
来看，是否意味着哪怕身患疾病、体检数值不合格、
上了年纪，但只要心态健康，也能生活得很幸福呢？

所以，我们要像给种子浇水一样抚慰、关心自己。

不要说什么"不可能长大"这种泄气的话。

请坚信，只要在心灵花园里播下种子，就一定能
发芽。

即便土壤看似已经干涸，只需浇点水、悉心照顾，
种子就能顺利长出枝叶，最终还可能结出花蕾。再弱
小的种子，只要用心看顾都能生根发芽。

相信自己的"生命力"，时常给自己这朵花浇水的
人都会拥有健康的身心。

如果连你都觉得自己一定会颗粒无收的话，那本
应该茁壮成长的新种子也可能会在萌芽之前枯萎。

另外，我们在生活中拥有的十分重要的技能之一

就是直觉。在下重要决断的时候，不要过分依赖知识或经验，有时直觉也能引领你顺利前行。而这些直觉就蕴藏在健康的身心之中。为了能更好地运用直觉，请用心照顾自己的身心吧。

○早睡早起和规律的生活是在为健康储蓄。

修饰仪表

我非常重视仪表问题。

说起仪表，相信不少人都认为仪表指的就是一个人的服装，其实，仪表不仅包括服装，而是涵盖了所有外表部分。

比如，包括气色、发型、指甲、站姿、步态和坐姿。首先，我们需要检查自己不加修饰状态下的仪表，并用心修饰。然后在此基础上调整服装、配饰，至此才算完成一次完整的仪表整理。

无论男女，修饰仪表都是一项不容懈怠的责任。其实稍微用心整理一下，给自己添几分体面，让别人看着舒服一点，就能受到好运的眷顾。

我偶尔会遇到人品好又有能力，但不注重仪表的人。或许由于日本人曾抱有"外表不如内在重要"的心理，这让我觉得很遗憾。

最近，获得诺贝尔奖的山中伸弥教授那优雅得体的仪表令我深受感动。每每见到如山中伸弥教授一般拥有卓越才能且仪表优雅之人，我都会感叹："真厉害啊，这样的人今后一定会越来越出色，我也要向他学习。"仪表的作用大概就在于在我们的才能与社会之间创造联系，并帮助我们拓展才能。

健康的身心掌握着仪表之门的钥匙。只要我们能做到饮食有节、早睡早起、保持笑容和"佛系"心态，就能容光焕发。

若想保持头发和指甲整洁，细节上的呵护必不可少。留意一下头发是否有汗味，如果长了就要剪掉或者束起来；仔细洗手，勤剪指甲。仅仅做到这些，那么整个人看起来就会大不一样。

在服装方面，我们经常一不小心就容易穿得太过休闲。随着年龄的增长，我们在选择衣服的时候总是倾向于穿得更舒服一些。所以，我才考虑今后自己更应该穿一些挺括、正式的衣服。

曾经有人问我："松浦，你认为怎样算是讲究呢？"我的回答是："清爽感和穿着合体的服装。"

不要给自己找"嫌麻烦""都这么大年纪了"之类的借口，年龄越大就越应该注意仪表。这样做自己也会神清气爽。

○无论何时何人相约都能随时赴约——请用这样的标准打理自己。

认真过好休息日

在没人看见的时候，我希望自己能保持自我约束。不在别人关注下的自己是什么状态，会不会影响自己在工作和生活中的光芒。

以休息日的生活为例，休息日自然是要休整身体，所以没必要过得紧张忙碌，但是整日懒懒散散也不是什么好方案。

我们再以家人不在时的午餐为例，如果不把外卖方便饭盒里的菜转移到盘子里，而是直接食用，就不是值得提倡的好做法。

因为没人看到就满不在乎地在路上乱扔废纸；因为没人看到就在淋浴间吐口水；因为没人看到就把空矿泉水瓶扔进放空易拉罐的垃圾箱里。这些行为都称不上美好。

不要在别人看不见的地方，做在别人的注视下不会做的事。请你下决心将此变成自己的行动指南，并贯彻到自己的生活中。

其实，我想说的并不是让大家事事都要在意别人的目光。既然是休息日，我们可以放慢节奏，休闲放松都没问题。但是，在放松之余，也不能做太过难堪的事。若没有这样的态度，将会影响日后的生活。

平日里，我们会受到工作、人际交往等方面的束缚、管控。而到了休息日，就不再受到别人的束缚与管理。所以，我们应该自己管理自己，避免陷入无所事事的状态。

极端地说，正因为是休息日，我们才应该认真度过。我想你应该也意识到了，比起无所事事来说，有时候用心安排的休息日更能治愈我们的身心，让我们感到舒适。

也有些人因为"没人看到"就在家人面前放下防备，变得吊儿郎当、邋里邋遢的。看到这样的丈夫，妻子就会不断地抱怨对方，"你这个丈夫做的一点儿也不称职"。我觉得其实不必如此。

若想让自己的伴侣变得称职，首先自己要做一个对对方来说称职的伴侣。方法只有这一种。只要彼此愿意做出这份努力，家庭就会变成一个舒适的空间。

〇休息日的服装，也应该挺起胸膛穿得得体一些。

洗手

　　我有一粒幸福的种子时常牵挂心中，想要与大家分享。

　　它非常简单，任何人都会，但的确能转变心情。它能让你的一天张弛有度，心中畅快无比。

　　这粒种子就是洗手。

　　没有让大家养成洁癖的意思，只是一个习惯：除了在外出回家后、吃饭前、手脏了的时候洗手以外，在工作中每完成一件事就去洗个手。

　　比如，如果决定"上午回邮件"，那么就在回复完毕时去洗个手。手自然是不脏的，但手接触到流动的水，会让你产生一种把手清洁干净后再着手下一项工作的仪式感。

　　洗手还能让人转换情绪、调整心态。重要的是"每一件事都要用新洗干净的手来处理"的这份用心。而且，还能呵护自己的手，一直保持手部干净。

无论在家、在咖啡馆还是在公司，只是站起身来洗一洗手，既不需要花费多少时间，也并不麻烦。因为洗手洗得勤，为了防止皮肤干燥，我不会使用香皂，只是用水冲一冲手。

当你有不顺心的事、毫无理由地闹心，或是感觉莫名烦躁的时候，用流动的水洗一洗手，心里就能痛快痛快。

有句话叫作"随水而逝"。洗手的时候，感觉心中的芥蒂顺着指尖被水冲走了。洗手的时间稍微长一些，基本上心中的不快都能得到排解。

如果洗很久情绪都得不到缓解，我建议大家可以漱一漱口，把水含进嘴里再轻轻地吐出来。这样单纯的反复可以抚慰我们的不安与焦虑，希望你务必要试一试。

○勤用水冲一冲手，消除轻微的焦虑感吧。

选择能指引人"思考"的道具

在自己房间的时候，我的定位地点通常都是中岛乔治的单边扶手椅。20世纪初，一位诞生于美国的日本家具设计师创造了这把椅子。

这把椅子看上去就像一件朴素的木质工艺品，在单侧有一个很宽的扶手，喝茶时可以把杯子放在上面。

我很喜欢它的设计和坐感，不过让我最为中意的是每每坐在上面都会令我陷入沉思："什么才是真正充实的生活呢？"

小鹿田烧的茶杯也是我的爱用物品之一，每天使用时就像是茶杯在向我提问："真正的充实是什么？"小鹿田烧是日本拥有悠久历史的工艺品，也是很多人都能随意用得上的量产产品。它的价格并不昂贵，没有什么夸张的设计，产品也没有走在行业前列。但是，当我在家中悠闲喝茶的时候，这个精心制作出来的茶杯，刚好匹配我的心情。

有些人在选择物品的时候，对在外面使用的、特别的和奢侈物品的选择都很慎重，但不太在意日常使用的物品，往往都是随意捡现成的使用。

可是，我希望在挑选本身不是什么高级货的日常用品时，可以选择一些自己喜欢的。并且，我会尽可能地选择能创造契机、使我思考"生活"和"时光"的东西，我每天都想与它们相伴。

我希望每次坐在椅子上时都能引发我的思考："我非常喜欢这把椅子，每天都在使用。为什么我会喜欢这把椅子呢？"

无论椅子还是茶杯，都并不是摆设，而是和你共同生活的"道具"。共同生活的道具从某种意义上看，就是我们的家人、我们的伴侣。

如果能以道具为契机，一有机会就思考、感受"何为好生活、好时光"，那么或许我就能一点一点地摸索出好生活、好时光的轮廓。虽然我还没有找到答案，但我每天都在思考"道具"所传达的问题——"真正的充实是什么"。这种思考本身就是一种充实吧。

　　○选择那些每天会向你提问的道具吧。

以"谢谢"开始,以"谢谢"结束

每一天,我都希望自己能种下重要的幸福种子。为了实现这个愿望,我想最关键的还是用心过好生活。

每天睡前,我的习惯是,坐在床上安静地致谢。向朋友、向家人、向公司同事、向工作中有过交集的人们、向自己周边的自然……总之,我会对除自己以外的所有人、事、物表达谢意:"今天谢谢你。"

这不是宗教行为,而是个人的习惯。我并没被别人强迫去做,也不是什么规则。这种感情是自然而然的流露,等到意识到的时候已经成为每天的习惯。无论是在旅途中,还是感到疲惫的时候,我都一定会在睡前进行这种仪式,这已经成了自己的准则。

我们每天的生活时喜时悲。既有伤心得泪流满面的日子，也会有懊悔不已的日子。但这一切都会因睡前的一句"今天谢谢你"而烟消云散。

我们时常会受到外界的影响。遇到不如意或是令人高兴的事，内心都会摇摆不定。这样下去会逐渐迷失自己，所以我希望能把每一天都清零，回归自己最原始的状态。就我自己而言，我把清零的按钮设置成一句"谢谢"来表达感恩之情。这样做就如同回归自我的仪式一样，支撑着我的心、我的工作和生活，还有一切。

有了这个习惯之后，我开始觉得哪怕被别人扔了石头，只需一句"谢谢"我就能找回自己。

我们应该感恩的事情不胜枚举。感恩我们可以自在呼吸，可以灵活地使用双手，可以畅快饮水，可以用卫生间如厕。我想，最应该感恩的是我们能够意识到自我的存在。感恩之情无可替代、无法衡量。"谢谢"是我最为重要的准则，也是今后要一生持有的护身符。

我最近还会留意另外一点：在"谢谢"之后加上

一句附言。比如，在感谢对方的时候，如果感谢的是对方为我做了美食，那么就说出菜肴是怎样的美味；如果感谢的是对方给我带来了快乐，那么我会形容一下自己有多么开心。

"谢谢，这份蔬菜的香气和清脆的口感真是太棒了。"

如果别人告诉我一件趣事，我会附上自己的感想，说一说自己觉得怎样有趣；如果别人帮我打扫了卫生，我就会仔细观察对方是怎样打扫干净的，然后再道谢。

我的附言基本上与对方用心努力的地方是一致的，所以这种表达方式比简单说一句"谢谢"更能清晰地传递出自己的谢意。我的感谢与对方的喜悦相得益彰，彼此都能收获幸福。

今天，请你对很多人说声"谢谢"。到了结束一天生活的时候，请一个人静静说声"谢谢"。

○找个契合自己内心的"回归自我的仪式"吧。

第二章

每日灌溉，时常施肥

从今天开启鲜活人生的特别方法

培养自我独特性

播种育苗，其实是在呵护自己；在给予水分和养分的同时，还需要用心呵护；并且，获取如太阳光一样的巨大力量的补给也很重要。

为此，植物必须努力成长使阳光能照射到叶片，如果枝叶向着通风的地方伸展，或许能开出不同颜色的花朵。无论如何，如果播种后不用心照顾，总是照不到太阳，好不容易长出的芽也会枯萎掉。

所以，我也会时不时地给自己浇水、补给养分，有时也会从别人那儿得到一些新的刺激。我希望就这样按照自己的节奏、游刃有余地以适合自己的方式培育种子。

我很尊敬的一位朋友负责"建造树屋"的项目。这也是一次思考为东日本大地震受灾地做些什么的集会活动，所以我也申请加入其中。

在项目会议上，被征询意见时，我提出了这样的方案："既然大家都觉得一下子就建个树屋非常困难，那我们可以先从长椅做起怎么样？"

我的想法是，先做出容易制作的长椅，把"大家集合的场所"固定下来，成为既定事实，然后再进行下一步。我很想为这个项目做点什么，可也改不掉自己谨小慎微的毛病，想要尽量思考出一个稳妥可靠的方案。

当然，这只不过是个建议而已。也有人提出："反正不管怎样都是要建树屋的，不如就直接开始做吧。从一开始就如此怯懦怎么能成功呢？"听后我觉得这个意见也不无道理。

或许是我的建议跑偏了。

在我的建议中，从"树屋这个工程太大了，可能会遭遇挫折"能看出我谨小慎微的缺点；而"我希望能趁着这么多人聚集在此，尽早开始行动"则表露出我脾气急的缺点。但是，这些都是我的个人特质，从结果上看，这两个缺点都可能对整个项目有所裨益。

比如，听我说完，的确在大家脑海中的某个角落多了一个新的选项："还可以从长椅开始做起。"先不说这个建议能否实施，多一些选项能让项目更加丰富。另外时间拖久了，人的热情容易消退，所以，从长椅着手这种马上就能启动的提案或许能成为一种动力。

说到底，这只是一个例子而已，我想告诉大家的是，以自己的方式，敢于说出或者用行动表达自己的意见，这一点十分重要。并且，不用害羞，也无须觉得难为情。

"思想保守""无法表达出自己的意见""缺乏判断力"，等等，每个人都有各自的弱点。我们应该培养包括弱点在内的自我独特性。因为我们完全没有必要和别人保持相同的行为、意见和行动。

无论种子发出什么样的芽，那都是你的特质。种子发芽后，两片叶子张开的形状既有心形，也有蛋形，无论什么形状都应一视同仁地被爱护、被用心培育。

正常情况下三叶草应该是三片叶子，但有着四片叶子的"不正常的三叶草"被看作幸运的象征，受到大家的喜爱。即便是看上去不那么顺眼的叶子，也一定能在某处发挥它的作用。因为即便形状多少有些奇怪，那也是你的魅力所在。

○平等地珍惜、守护自己的优缺点吧。

打造"新习惯"

我认为习惯是可以不断变化的。

我们既可以尝试各种对不同时期的自己来说最轻松舒适的习惯，也可以模仿别人的习惯。这样时不时地打造"新习惯"，岂不正与我们的成长息息相关？

说起我现在的习惯，就是无论如何都要早睡早起。从 30 岁左右开始，我基本上都会在早上 5 点起床，晚上最晚 10 点睡觉。不过，这说到底只是对"现在的我"来说身心比较舒服的习惯，并不是什么绝对性的规则。

举例来说，有一位令我尊敬的朋友就是比较极端的晚睡晚起人士。他晚上 12 点左右结束工作后，看看书、发发邮件就到早上了，所以，他都在太阳升起后入睡。上午睡觉，下午开始活动。这也是一种生活方式，一种习惯。这种所谓夜猫子晚睡晚起的习惯也很有趣，与如今的我正好相反。

这世间人们都说"早睡早起是对的""一日三餐是对的"，其实每个人都有各自的习惯。我们只要找到最适合自己的习惯就好，没有必要被常识所束缚。

也有人认为"习惯是不会变的"，不过是习惯而已。没有必要将其固定，自己想变就变吧。你不觉得这样的人生更加有趣吗？

我最近和一家买手店的年轻店员关系很好，开始让他帮我提一些选择服装的建议。他的穿着有点儿浮夸，风格正好和我相反。

正因如此，有时他会说着"请您一定要试一试"，然后推荐给我一些我平时不会选择的那种设计的服装。

若在从前，我一定会推托掉："这件还是算了……"但是如今我会很开心地试穿一下。这让我产生一种一个崭新的自我世界已经被打开的感觉。

无论如何，现在的自己所相信的事、认为好的事都无法用正确、错误来评判。在这世界上还会有若干个你认可的答案，所以今后的人生中我们应该不断地进行尝试。

　　或模仿，或挑战，让我们开启"变化之旅"，养成令自己舒适愉悦的习惯，总有一天会出现唯一一件不能让步的事，我们要做的就是守护好这件事。女儿出生后对我来说，"全家一起吃晚饭"是不能让步的事，一直以来我都把这个习惯当成我的人生承诺。但是，女儿也会长大，这个习惯恐怕不久就会改变了吧。那时就是我培养下一个习惯的机会。新的习惯会成为寻找崭新人生的起点。

　　○能改变生存方式的动物只有人类。

坦率是一块宝石

不畏惧变化，张开双臂，坦率地迎接新事物。这与为自己浇水、补给养分息息相关。并且，若想吸收水分和养分，就必须具备能够彻底吸收它们的土壤。因为在水泥地上，哪怕雨量再充沛也只能任其流走。

为了吸收很多很多的水分和养分，"坦率"这一土壤尤为关键。坦率也可以理解为"单纯"。

单纯地思考，单纯地接纳。坦率的人当听到别人说"这个比较好"时，就会马上回复"好的"，采纳对方的意见。也许聪明的人会思考是否真的好，或怀疑，或调查，但是坦率的人能像喝到了好喝的水一样很顺畅地采纳建议。

如果用"坦率"来形容自己可能有些奇怪，但我认为自己的确是个很坦率的人。这应该算是我的优点吧，因为我是这样想的：接纳一切、肯定一切、相信一切。可能有人认为不否定、不批判是在逃避责任。首先，对于任何事我都会率先接纳；然后，如果不合适的地方，我不会否定、批判，而是在提出意见的时候注意顾及对方的感受。

我最近开始了牙齿矫正。矫正医生告诉我："牙齿矫正过程中，有两种类型的人。"

第一种，牙齿能通过矫正慢慢移动到想让它移动到的位置的人。

第二种，无论怎样用力牙齿都很难移位的人。

据说这两种情况并没有好坏之分，我便询问了具体原因是什么，他告诉我："都说牙齿矫正在小时候做比较好，对吧？坦率如孩童之人的牙齿，即便已经是成年人，牙齿移动的速度也能快得令人惊讶；而那些总念叨着'我……'或者'自己……'的人通常都是自我主张意识强、比较顽固的人，他们的牙齿就算被箍得再紧都很难移位。"

小孩子的牙齿容易移动，自然也与身体方面的因素不无关联。但是成年人的牙齿是否容易移动的关键在于坦率程度，我听后就在想：原来如此。每次看诊当矫正医生说出"哇，好棒，松浦真是个坦率的人"这句话时，我都会如同被表扬了似的感到开心。

　　变聪明固然也很重要，不过我还是希望能珍惜这份坦率。我希望自己有一颗不谙世事的心，任何人的话都能用纯粹的心去聆听。我想，这种坦率会帮助我成长。"今天又是崭新的一天"——无论任何事，我们都应当以这样的心态去面对。

　　〇坦率会令你如宝石般美丽。

不讨厌任何人

不知从何时开始，我不再有讨厌别人的情绪。

年轻时我有过讨厌什么样的人、觉得什么事特别讨厌的记忆，但是后来我发现"讨厌别人"的情绪悄然消失了。

这一定是因为我开始认真地审视自己了。年轻时，总是对自己的问题视而不见，而只顾关注、褒贬对方的优缺点。

大概大家都是这样吧，从 20 多岁后半段到 30 多岁期间，我们开始审视自己，然后才发现自己是多么微不足道。既有弱点，也有不堪的一面。随着对自己的了解越发透彻，讨厌别人的情绪就消失不见了。

现在，无论一个人说了什么我都不会心生厌恶之情。有时会被问道："你有讨厌的人吗？"我总是很自然地回答："没有。"当然也会有我不擅长应对的人，不过对我来说，这世上并不存在能让我抱有讨厌这种消极情感的人。

所以，无论与谁说话，无论对方发表了什么意见，我都不会觉得"好烦啊"。哪怕是听到与自己相左的意见、意料之外的话语、异想天开的提议，所有这些都让我觉得"说得挺好""真是太好了"。

对我来说很重要的理念包括正直、友善和笑容，但我并不认为别人也必须秉承这些理念。

比如，当面对"你会说谎吗"这个问题时，有人回答"不会"，也有人回答"偶尔会"，还有人支支吾吾地回答不上来。如果要求对方绝对诚实，就有可能对其中的回答产生不满，可我认为，诚实的人挺好，不过我也可以理解偶尔撒谎的行为。说谎与否，或是含糊不回答都是很有人情味的应对方法，都挺好。

无论哪种回答都有不同的人情味，能让我见识到这些人情味是件令人开心的事，所以无论哪种回答都是正确答案。

讨厌别人的情绪一旦消散，就能获取很多人带给自己的水分和养分。还会有人把超乎我们想象的、奇奇怪怪的种子种在我们的花园里。

　　与其在狭窄的花园中种出固定品种的花朵，不如与和自己类型相似、想法相近之人一同打造出姹紫嫣红的花园。

　　〇先试着过一天不讨厌别人的日子吧。

小心"简单"这个词

收纳的时候要做减法，淘汰各种物品。简单生活是正确的、美好的——这些话真的无可非议吗？

不知不觉间，我们受到了"简单"这个咒语的束缚。就连我好像也为"简单"这个词而倾倒。

最近我开始思考，我们是否都应该小心这句掀起热潮的咒语呢？我总感觉"凡事越朴素就越美好"是大错特错的一句话，如果大家都追求简单，世界将变得多么枯燥乏味。

比起减法生活，如今的我更愿意过加法生活。我希望在保持自我平衡的基础上，添加一些新的东西，这是在今后时代中生存的乐趣所在。

我们以时尚为例，我经常穿着白衬衫，都说"白衬衫的最佳搭配是款式简单的裤子"，这一点我就无法苟同。我喜欢白衬衫没错，不过着装的乐趣并不仅限于此。我们还可以参加身着不同颜色、图案和奇奇怪怪款式设计服装的冒险。如果对这些冒险全都视而不见，始终选择一些只图方便而不走心的搭配，那就太无趣了。

"简单的就是最好的，这套固定搭配就是我的终点站。"如果你坚持这样认为，你的品位就会止步不前，你的世界也很难再有扩展的余地。

"做减法"这种方法巧妙且有效，但若在使用时稍有偏差就会发生危险。假设曾经发生过这样一件事：

某个厂家生产过一种长期印有固定图案的器皿。可能由于时间一长大家都看腻了，这种器皿的销量并不好，所以厂家邀请名人重新设计，把器皿原本满印的图案缩减一半，器皿外观变得简洁了，乍一看令人耳目一新。由此，那种器皿又重新受到大家的喜爱。

这虽然是编造的故事，但其实现实中有很多相似的例子。做减法后，看起来会比较有设计感，但其实做法很简单。只需减少颜色或缩小图案，物品本质上没有任何变化。这样的做法我觉得既算不上好看，也不算创新。

　　也有人向往空无一物的生活，把家里整理得十分彻底。房间里没有任何东西，就像样板间一样空旷。桌上不摆放鲜花，枕头上也没有刚刚读过的书，更不会把孩子的玩具弄得散落一地。

　　我能理解有人向往这样的生活，放眼望去干干净净，令人感觉十分美好。可是如果在这样的房间里生活，会让我不知所措。这样的房间会让我感觉了无生趣，而且把所有东西都收起来想必会非常不方便吧。

　　在我看来，不运用自己的眼光，而是盲目跟从肤浅的、以简单为美的减法生活的规则十分无趣。

　　随意把东西扔掉，然后住在空无一物的房间里，总是身着看起来品位不错的简约服装，这样的生活既轻松又简单。但是，一无所有的房间毫无乐趣可言，而且生活也了无生趣。看上去有品位的服装说到底也只是"看起来品位不错"而已，谈不上真正的时髦。

　　正因如此，今后我想挑战的是能调动、锻炼自己的品位，不断添加各种物品的生活。

　　早上醒来，突然产生一个想法："今天像夏天一样，那就穿一件有图案的衬衫吧。"于是我开始思考应该穿什么图案的衬衫。选好衬衫后，我又要考虑"搭配什么颜色的裤子合适？穿什么鞋子比较好呢"？或许这个过程很令人烦恼，或许结果会遭遇失败，但是我希望能享受其中，而且只有这样自己的品位才能逐渐得到提升。

可能有人会说："你说的这些都需要花钱才能实现。"我认为，如果手头有钱，我会把钱用在磨炼自己、积累经验以及学习提升等自我投资上。

曾经还在"简单"思考的我，如今已经发生了很大改变。

○优秀的人常处在不断变化之中。不够优秀的人往往在原地踏步。

与"现在"亲密接触

　　我的一位朋友家中都是好东西和有年代的老物件。他知识非常渊博，而且品位要比我强上百倍，如果你听到他的工作，就会明白我为什么这样说。因为他是一位在法国都十分有名的古董经销商。

　　几年前，我们聊天时他曾经问我："现在你想要什么样的家具？"当时的我钟情于古董历经岁月沉淀的魅力，想到什么就回答出来："我想要 20 世纪 60 年代的 ×× 家具，还有 18 世纪的 ×× 物件。"

　　听罢，那位朋友一脸不可思议地问我："为什么？你明明生活在当今时代，为什么不愿使用现在的东西呢？"

　　我列举出自己的理由：当今时代的产品都是曾经物品的复制品，而且很多东西的制作灵感都是从老物件中获得的，既然如此，不如索性使用一些原作。这个回答中可能包含一些对现代物品的否定意味。

朋友听后摇了摇头："如果现在不使用眼下设计、制造的东西，那应该什么时候用呢？错过与你生活的年代的物品亲密接触的机会是很可惜的事。"

既然生活在当今时代，就应该使用眼下最新的、与这个时代最相称的东西。这就是所谓的活在当下的生活方式。

我的这位朋友虽然拥有很多古董，但在生活中会尽量使用现在的物品。还会努力学习、搜集相关讯息。他的一番话令我恍然大悟。

我们很容易被从旧时起便存在的、具有普遍性的东西吸引，认定经过漫长岁月的锤炼、受到众多人认可而流传至今的物品都是好东西。所以，老旧物品往往让我们感觉安心、眷恋。这种眷恋会影响自己的审美发展。

他可能是在告诉我，如果把已经确立评价的东西作为自己喜好的终点站，结局虽好但乏善可陈。这样既无法提高审美水平，还会令我们逃避"当下"，所以应该多加注意。

从那以后，我不会再没头没脑地否定"当今流行事物"。不仅限于家具，在选择生活中使用的工具、电器、电脑的时候，我都会记得尝试使用眼下的最新产品，这种去学习、去感受的积极心态不能忘记。

　　我会为了寻找最新产品去逛电器店或者秋叶原。新产品的问世，在美国或者欧洲往往会比在日本要早一些，所以有时我也会在网上进行搜索。在层出不穷的新产品之中，自然会有能留存于世的产品和稍纵即逝的产品，二者之间存在着很大的差距，我希望能实时找到这种差距。"讨厌流行的东西、讨厌自己没见过的东西"——我并不想过这种充满否定的生活，不希望与"现在"隔绝。

　　有时候自己最终还是会选择旧时珍品，即便如此，我也强烈希望自己是在了解过新事物后再进行选择。

　　前几日，在因椅子设计而闻名的查尔斯·伊姆斯的电影纪录片的首映会上，提问环节中有人问我："以伊姆斯为首的美国现代设计的魅力是什么？"我立刻回答："没有传统束缚的自由。"

　　日本具备"传统"这一充满束缚的概念，存在着师徒制度和工匠精神，所以无法像伊姆斯那样根据崭新理念创作出产品。

我并不是在否定传统，日本拥有很多日本特有的好产品。我总是希望自己能秉承"中庸"之道，能够发现新旧两种产品各自的长处。

○每一天都要更新自己的品位。

无拘无束

　　仔细想来，在日常的生活与工作中，做事适度很关键。

　　不用过分要求"必须这样，必须那样"，也不要"这个好看，那个难看"地妄下结论。

　　近来我发现，讲究细节会使人逐渐丧失元气。

　　最近，因为视力下降我买了副眼镜。有时戴眼镜、有时不戴，偶尔会感觉眼前模糊不清。不过，我反而发现视力太好会使人看到的东西过于繁杂，眼前的模糊会给一切增加美感。感觉自己在年轻视力好的时候，对所有事都过分关注、过于执着，才会把自己搞得疲惫不堪。如今想起来，我曾经是个有点神经质的少年。这不仅仅是眼睛的问题，执着会耗费人不必要的能量。

　　在他人眼中，我仿佛是个原则分明的人，有时在采访中会被问道："松浦先生，你做选择的标准是什么？"但是最近我才意识到，自己并没有一个很严格的标准。说是"选择"，其实很多情况下都无须选择，而是一种"邂逅"。

　　我们不会用"选择朋友的标准"来交朋友；一旦喜欢一个人就会喜欢上这一类型的人，所以谈恋爱的时候会把"喜欢的类型"之类的标准抛诸脑后。大概面对物品时也会如此。

今后，我希望自己能敞开胸怀去接纳遇到的事物，无拘无束，不受自己的标准限制。我想珍惜偶然遇到的不了解的人、事、物，还有令人激动的自由与成长。

〇如果对某种事物抱有偏见，或许这将会成为喜欢上什么的契机。

雨的馈赠

我一直认为，自己身上发生的事都有一定的意义。

在每天的各种事情中，令人悲伤或受伤的事也有大有小。每次遇到这些事我都会安慰自己："这些事之所以发生，都是因为对自己有意义。"

有人用"正向思考"来总结这种想法，其实从本质上看，一个人幸福与否取决于内心状态如何。

连绵不停的雨下得令人心烦，导致人的情绪低落，浑身无力。但是，降雨润泽大地，促进了植物的生长。雨水施与我们不少恩惠。

有时，我们承受不住太阳火辣辣的炙烤。但是花草、动物和我们人类，乃至地球这颗星球都要仰仗太阳的能量生存。

我觉得当自己遭遇某些坎坷的时候，在反应出这不是什么好事之前，自己应当先冷静下来思考一下该如何看待这件事。我们应该具备自主决定权和意志力，来选择是让自己做一个可怜的受害者，还是成为一个有勇气的人，感谢坎坷让自己经历了"必不可少的磨炼"。我强烈地感觉到能否获得幸福，取决于你将如何选择。

不得不持续背负着阻力、问题和困难固然很痛苦，但是人只有这样才能学习、成长。

从十多岁时开始，我便不断地告诉自己："我不会遇到自己克服不了的困难。"

我相信哪怕自己遇到的是全世界最大的苦难，也能将其克服，因为我具备克服它们的能力，所以上天才会安排我与之相遇。这样去想，心头便能涌起咬紧牙关坚持下去的力量："再苦再累，这些都是我能够战胜的困难。"或许这是在安慰自己，但是我相信，只要不逃避，时间会帮我们解决问题。

在生活、工作中不只有快乐，还会面对痛苦。直到现在，有时我仍然会在上下班途中，爬车站台阶时突然生出一个想法：今天也非常累，真是太辛苦了。

好想就这样直接去很远的地方走走。每次我都会回到十多岁时的状态，用"这种情况虽然很辛苦，但并没有超出自己的能力范围"来安慰、提醒、鼓励自己。

如今和年轻时的不同之处在于，哪怕没办法马上找出问题的解决方法，也不会焦虑了。

我会劝告自己："有时时间会帮助我们解决问题。即便问题不能马上解决，耐心地等待就好。"

有时我也会想："在感觉痛苦或难过时，容易产生一种'全世界只剩下自己'的孤军奋战之感，但过后想来，其实很多人都在帮助我。"所以要时不时地提醒自己，不要忘记维护好与他人的联系、心怀感恩，还有尽量为别人做一些自己力所能及的事。

我曾经因过度练习马拉松导致脚部受伤，需要拖着腿走一个月左右。那时我既没法麻利地下台阶，也不能正常走路，十分不方便。现在做了牙齿矫正，在吃饭、说话时也会感到不便。

不过，"感到不便"也是一种机会，能让我们产生各种新的感受，比如我会因身体保持良好状态而心生感激。如果能在心中决意与身体的不便和睦相处，感受不便，并从中有所收获，那么我们的状态就会大不一样。

能保持最佳状态自然是好事，但我们不可能一直保持最好的状态。在身体或者其他情况的影响下，有时也会遇到低谷。即使外表看不出有什么不便，也会有心理上的不便。

无须排除掉一切负面因素，负面因素也能给我们带来收获，负负可以得正。我可以看见正常蹦跳着走路时看不到的风景，关注那时看不到的人的心情。

○障碍是最好的老师。

以"应对"替代"解决"

　　困难与失败都是成长的机会。但是，我们并不是总能顺利想明白这个道理。"也许自己一直以来的努力会白费"，很多情况下，大家都会陷入这种莫名其妙的恐慌之中。

　　因此，在遭遇困难时，我们不能就此坐以待毙；也不能就此逃离、隐匿于自己安全的巢穴里。我带着鼓励的态度，想对遇事容易退缩的朋友说一句："我们做不到事事都能解决。"

　　所谓解决，只是个结果而已，大部分问题都发生在解决的过程中。比如，国家与国家之间也存在着很多待解决的问题。在解决的过程中，双方会进行各种努力。历经数十年，两个国家只能一同一步步地在解决之路上前行。"解决不了"或是"需要相当长的时间才能解决"都是真有可能会发生的事，所以，如果很长时间得不到解决人就容易失去耐心、感到厌烦。

　　有人一着急就会想现在马上把问题解决掉，所以有可能会让自己很辛苦，引起恐慌，然后选择退缩："啊，受不了了，我做不到。"

　　不过，事情虽解决不了，却可以做出相应应对、进行妥善处理。只需换个方式想一想"如何应对现实"，就能迈出坚实的一步。

　　比如，在把咖啡洒到刚穿的衬衫上的时候，如果你希望衬衫能马上变回新买时的纯白色，那是不可能的。"唉，衬衫被染上颜色，这下麻烦了"，或许你会沮丧地想把衬衫扔掉。

　　其实，你只需要马上脱下衬衫把染色的地方洗一洗，即使变不回纯白色，也能把染上的颜色洗得浅一些，变得不再那么显眼。这样继续穿着，多洗几次之后，残留下来的淡淡的染色痕迹会渐渐与衬衫融为一体。总之，对我们来说，重要的不是"解决"

而是"应对"。

任何问题都想找到"绝对的答案"的人，做什么事都会很辛苦。

"那个人喜欢我还是讨厌我？""这份工作是否真正需要我呢？"如果这些问题想找到一个确切、绝对的答案，连我都可能想晕倒。因为不可能有这种答案，答案本身就是不存在的，我们无法找到。

与其愁眉不展，不如努力培育花朵，想想能为对方做些什么。这样或许能获得对方的好感。即便对方产生了好感，如果你忘记了为对方做些什么的这份心意，好意之花就会枯萎。

与其苦恼自己是否被需要，不如认真想一想别人重视什么、需求是什么，然后为满足这份需要付出努力，这样无论自己还是周围的人都能幸福。这才是"应对"。

一想到"没有答案"这件事，我自己就深受鼓舞。因为在我看来，活着就是一个不断烦恼、不断迷茫、不断感受痛苦的过程，而战胜这些烦恼与迷茫的每一步就是幸福。

　　〇总是很美丽的蓝天，就好像并不是天空，而是
在天上创作的画一样。

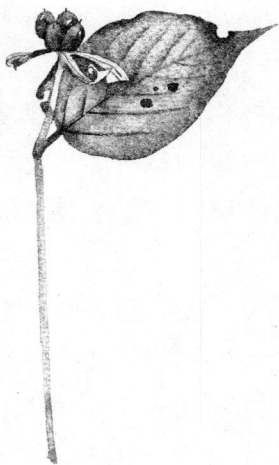

第三章

你想建造怎样的花园

有梦想、有目标

"愿望"与"希望"

播撒若干种子，然后培育它们，看着它们发芽、慢慢长大。我们的花园就在这一系列的重复操作中孕育成形。开始时的器皿是一个花盆，只培育自己种下的种子。随后在和人打交道的过程中也会得到一些种子，并把它们一起种下，花盆最终会变成阳台，最后慢慢发展成了花园。

从种子开始培育，然后再将自己培育的种子赠给遇到的人，亲手将种子交与别人种植："请试着种下这粒种子。"这样一来，你这朵花就能绽放在别人的花园里，并且大家还能互赠彼此的花和种子。通过这种方式，人与人之间的联系变得越发紧密。我认为，这个循环就是幸福所在。

当你种下一些种子之后，就到了考虑要建造什么样的花园、规划自己想要创造怎样的幸福的时候了。

在这个时候，怀揣希望很重要。所谓希望，就是哪怕极小的可能性也依然会选择相信。

需要注意的是，我们一不小心拥有的往往不是希望，而是愿望。"要是事情能变成这样就好了""要是他能为我这样做就好了"，诸如此般都是愿望。愿望归根结底只是被动的请求。

在这一点上，希望的关键在于"自己"。希望是一种把自己作为当事者，信任一切、不言放弃的态度，需要靠自己的力量来实现。因为信任，自己才会率先给予，抢先送出幸福的种子，使种子成为开启循环的契机。

我不太认同"give and take（有来有往）"这个词。"因为我给你这个，所以你也要给我些什么"——这是不对的，我们应该抢先一步赠出种子。为此，就需要拥有希望。在让别人为自己做一件事之前，先具备为别人做出贡献的力量，赋予我们这种力量的就是希望。

如果你想要获得幸福，就请放下愿望、拥抱希
望吧。

　　○对自己能给予什么，多下点功夫，多一些期待。

成功的反义是"没有行动"

当花园变得越来越大时，就难免会有人来帮忙。

路过的人会帮忙浇水；附近的人会帮忙修剪过长的枝条；素昧平生的旅人会赠予你有异域风情的、能开出蓝色花朵的种子。花园就是这样逐渐成形的。当然，你也会帮助别人修建花园。

花园越是美丽，就会与越多的人产生关联，这样的花园会让人不由自主地想去帮忙修整。而这样的花园，它的主人多是敢于挑战、积极行动的人。

成功的反义并不是失败，而是"没有行动"。

这是我非常喜欢的一句话。如果你想成功就要付诸行动，放手去尝试、去挑战。能与你产生共鸣、心生感动的人会伸出援助之手。于是，行动起来如虎添翼，不就更接近成功了吗？

需要大家注意的是，有时候我们只是一味地思前想后，却不采取任何行动。

"我想试一试那件事，如果这样做怎么样？"有些人仅仅会东查西问，然后就不了了之了；也有的人只是在大脑中反复进行模拟。

当你问他："你不是想做那件事来着？什么时候做啊？"对方通常都会回答："现在正在计划。"你是不会想要给他加油的。浪费别人难得的好意，在我眼中是特别可惜的事。

以棒球来做个比喻，最丢人的比赛就要数没有挥棒的三振出局了，而最为精彩的比赛难道不是挥棒落空的三振吗？奋力地挥动球棒甚至会打到屁股上，一定会有很多人被这种努力打动，献上自己的掌声。

听到这里，也许有人会问："通常令大家感动的都是全垒打吧？"的确，令大家翘首以盼、欢呼雀跃的是全垒打。可是我们并不是总能打出全垒打。

无论全垒打还是空三振，在"敢于挑战"这一点上同等精彩。我觉得尽情挥棒哪怕难看地打到屁股上也是美好的、能够打动人心的姿势。

我们可以用成功来感动别人。但是，失败也同样能感动别人。不管怎样，勇敢去尝试吧，让我们以拼尽全力的态度来迎接挑战。

一旦有了想法就应该去尝试。不要小瞧自己的点子，请用心呵护它。

人通常都会想为了拼命努力的人做点什么、提供一些帮助。这是我在美国时学到的事。

美国人的做事方式就是大家共同帮助、拥护有想法、有干劲儿的人，在事情逐步向前推进的同时，会汇集更多的人。只要你愿意不顾一切地去挑战，哪怕你奋不顾身地舍弃自我，也会有人愿意伸出援助之手。我曾经在不同的事情上都有过这样的经验，所以这些都是我的真实感受。

〇在你的左右就有很多愿意帮助你的人。

用"即刻回复"抓住机会

我相信机会对任何人都是平等的，而且机会并不少见。

有的人总抱怨自己没有机会，或是不走运，其实，抓住机会的人和抓不住机会的人的差异微乎其微，区别仅仅在能否发现机会上。

假设有人对我们说："有这样一份工作，要不要试试看？"在日本，当自己觉得难度较大或是有些地方还不太清楚的时候，通常都会回复对方："请让我想一晚，想好后就回答你。"可是如果在美国做出这样回答，就意味着这件事就到此为止了，对方会认为你选择了回绝。

我强烈地感觉到，今后的时代，不仅仅是在美国，在其他任何国家，无论何时，尽快回复都能为我们招

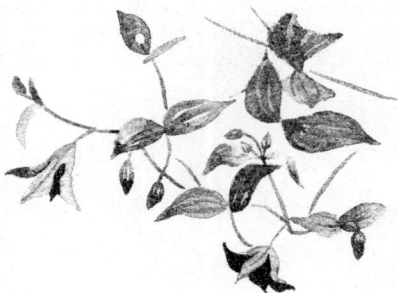

福。无论工作还是生活，都是如此。

若想具备即刻回复的能力，需要我们认真观察周围的情况。时常观察一下发生了些什么，可以锻炼我们对各种事物的反射神经功能和洞察力。

支撑洞察力的是我们的好奇心和对他人的关怀之情。如果在心中总惦记着"希望能令别人开心、能帮助到别人"，就会习惯性地留意、照顾着周围，看看有没有自己能做的。

请保持敏感吧。不要认为一切都是理所当然，请感知周围的变化。

我并不认为自己是成功的，但如果眼下有人需要我，我想是因为自己一直在尽可能地即刻回应眼前出现的机会。

　　○ "早回信招福，晚回信失福。"——谚语

人需要向别人学习

在思考未来自己将如何成长的时候，"自己的老师"或者"导师"的角色是必不可少的。

所谓"导师"，指的是发生问题时能指导你的人，遇到不懂的事会为你解惑的人，会毫不客气提醒你做错事的人，令你心生憧憬并想模仿的人。无论比你年长还是比你小，无论是外人还是家人，导师的存在会让你产生一个强烈的愿望："总有一天，我要开出那样的花。"

有个能直接交流的导师自然理想，如果没有也可以找个自己憧憬的人做导师，这样也是一种学习。即使无法直接和导师交流，也能看看他的书，听听他的演讲。在当今时代，通过网络交流简单、便捷。不管怎样，我们憧憬的人总能带给我们勇气和希望。

我们没必要一生只追随一位导师。

"今年把这个人当导师，明年换另一个人"，这样变动也无妨。我的导师基本上有三个人，偶尔会进行调整、更换。如果只选一个人可能会出现偏颇，所以我有意识地寻找了三个人。比如，找一个了解 IT 或最新科技领域的人，和一个在历史或古典等传统领域造诣比较深的人，因为我自己是男人，所以还要找一位看事情比较透彻的女性，能帮助我从女性的角度看待问题。我想每个人都能选出这样的人，所以请大家务必试一试。

每当感到迷茫的时候，我的脑海中就会浮现出这三位导师的脸，然后想象一下："如果是他 / 她的话，会怎样做呢？"导师存在与否，会影响你的生活方式。

"怎样才能接近这个人的水平？怎样才能超过这个人？"这样的思考也是向导师学习的一种方法。学习这件事，只有自己完成才可以，我们不能让别人代替自己学习，既不能偷懒，也没有捷径。可能也正因如此，我们才能获益良多吧。

具备学习的意识，仅做到这一点自己就会发生改变。这会成为我们成长、绽放花朵的契机。

都说"学习是一种模仿"，这话的确不假，但仅仅靠模仿原地踏步的人是无法成长的。而且，当看到自己憧憬的导师培育出已经绽放的花朵时，你可能会想："啊，这朵深蓝色的花真漂亮。"但就算你想模仿也很难开出同样的花。

我们应该学习的，不是如今已经在绽放的花朵，而是在花开之前导师曾做过的事：播撒了什么种子，怎样浇水和施肥，沐浴过怎样的阳光雨露；了解这个人年轻时学习过什么，看到过什么，看过什么书，听过什么音乐，受到过什么事物或者人的影响。

通过认真的思考、学习这朵美丽的花的背后那些不为人知的部分，最终能够绽放出同样的花朵。如果再加入一些个人特色，就能开出不逊于深蓝色的、美丽的紫色花朵。这是我年轻时的一位导师教导我的。

如今，我依然拥有令我憧憬的导师。"人需要向别人学习"是我很喜欢的一句话，我也感觉遇到的人都是我的老师。我想，导师是我的目标之一，但并不是终点，因为每个人都能开出若干五颜六色的花朵。

○不要研究"令你憧憬的花朵"，研究它的根部吧。

调查之前先自己思考

在生活和工作中会发生很多事情，我们既有可能遇到棘手的课题，也会有出乎意料的邀请。我认为，为了让这些事都变为我们成长的机会，我们应该学会自己思考。

向人求教固然也很重要，但如果自己什么都不思考，一遇到不懂的就去问别人，就无法学到别人宝贵的经验。不愿自己思考的人，心就像光滑的塑料一样，即使有很好的养分也吸收不了。

首先，试着自己思考。认真地想、努力地想，无论如何都想不出来的时候再去请教别人。如果不能遵守这个简单的原则，无法自己培养"思考力"的话，我们就会逐渐变成一个"不会思考"的人。如今的时代，任何事都可以通过网络来了解，如果任由自己依赖这种便利，我们就会变成一个"什么都知道，但是什么都不想的人"。无论如何，我们都应该避免陷入这种令人遗憾的状态。

我并不是想让你成为哲学家，只是希望你能诚挚地面对并认真地思考生活、工作和每天一件件琐碎的事，仅此而已。得出结论并非目的，重要的是思考的经验。我希望你能明白，在麻烦的事情中其实隐藏着很多乐趣。

我们应该变成一个享受麻烦的人，这很重要。

比方说，当朋友邀请我们参加一个正式的茶会，你既不爱好茶道，也不知道应该穿什么去，于是不参加就成为最简单的选择。还有个办法也比较简单，就是问一问熟悉茶道的人，或是上网查一查，把规矩死记硬背个大概。但如果用自己的头脑思考"都有哪些符合茶会礼仪的行为"，畅想一番"茶之心指的是什么"，然后请教茶会礼仪后再出席，那么我们就会如同内心被温柔地耕耘过一样，可以吸收更多的事。

再比如，有时我们会因邻里关系或工作上的人际关系发生纠纷而感到走投无路。可是"烦恼"的数量并不是有限的，就算能从一种"烦恼"中逃避，也还是会接连遇到其他"烦恼"，我们不可能一辈子不停地逃避。"那我应该怎样做呢？"即便询问别人也无济于事，很多时候这个问题的答案只有你自己知晓。既然如此，请不要气馁，要自己试着去思考。

<u>只需稍微变换一下角度就会发现，烦恼可以让我们更努力、更理解别人。</u>那些令我们烦恼的事，是帮助我们成长的恩泽之雨。

我也会遇到很多未能如愿以偿或令人苦恼的事，即便如此，我依然希望能自己思考。而且，无论思考的终点是哪里，希望你都不要忘记下点功夫让自己开心。

无论是解决烦恼的方法，还是一些新的灵感，我们的想法最重要的关键点在于"独特而幽默"。无论多么认真、严肃的事，如果我们的想法陈旧无趣的话，是帮不上别人的。

自己思考，且尽量以幽默的角度思考，人就能变得快乐。这是我们在真正烦恼时的最后阵地。

　　○通过烦恼或思考来耕种自己的花园吧。

绽放花朵的三个秘诀

除工作之外，在生活中我也拥有自己的小小计划和目标。

相信你也曾幻想过、在心中描绘过自己会开出怎样的花朵。

我不建议大家过于死板地执行任何计划。但是，若只是想想"要是能这样就好了"，仅凭这种模棱两可的态度很难做成一件事，这也是事实。有热情就能实现目标吗？仅凭一腔热情是不够的。

在我看来，让花绽放有三个秘诀。

第一，体察人心的感性。

如果没有感知、体贴人心的感性，任何花都无法绽放。缺乏洞察力就会无视别人的心，只能单枪匹马地向前冲，无法得到别人的帮助。这样是无法成功的。这世上没有一朵花仅凭一己之力就能绽放。

第二，审时度势的观察力。

观察力可以帮我们正确理解社会的现状和周围的动态，如果没有观察力我们就会错失时机、犯下错误，比如，把应该在春天播种的种子放在夏天种，在应该充分浇水的时候施肥。机会对每个人都是平等的，能否抓得到就取决于你能否发现它。

第三，果敢的行动。

前面我提到过，成功的反义是没有行动。机会时常有，要想抓住它就必须采取行动。大家之所以畏缩不前、在原地踏步，可能是因为"害怕"吧。

机会通常都伴随着会失去什么的风险。我们做任何事都有风险，既没有无风险的机会，也没有无风险的幸福。

附带"绝对安全，风险为零。现在只要迈出一步就能百分之百获得成功"这种保证的机会是不存在的。人生有时需要努力向前一跃，但很多人都害怕风险、不肯动弹，就无法开出花来。

果敢行动并不是指拥有一颗不畏惧风险、强大的心。因为没有人不害怕风险。所以，我让自己这样去想："风险是能让我收获良多的老师；风险是获得成功或幸福的养分。"

我们回想一个事实：肥料能令土壤肥沃，可是用动物粪便或者腐烂的树叶制作肥料的过程，并不是令人陶醉的美好事物。

我想只要拥有这三个秘诀，每个人都能让幸福之花绽放。

〇在犹豫的时候，请选择那个更难完成的选项，因为其中填充了很多养分。

各有千秋的花与草

玫瑰花有玫瑰花的好，三叶草有三叶草的好。

每个人会绽放出不同的花朵，并没有好坏之分。相信不少人都懂得，比较不出哪朵花更美、更漂亮，这种比较是没有意义的。

另外，还有一点，我希望你能明白：花与草各有千秋。鲜花烂漫的花园和清新翠绿的庭院都很美丽。

举个例子，蕨类植物并不开花。我曾经去过一个书斋，在书斋中能望见蕨类植物略显凌乱地生长在背阴处、修建得很雅致的石墙上。那是白洲正子女士晚年的寓所——武相庄。想必美丽蕨草的一抹绿色能让白洲女士静下心来，使眼睛得到片刻休息吧。这就是卓尔不群的白洲女士所喜欢的美丽的植物景致。

还有很多不开花的植物，它们也很美丽。即便开
不出花，只要存在于这世间就很了不起。

有很多人都认为，现在自己能"存在"于这里是
理所当然的事，并没有意识到这是一个奇迹。但是，
从侧面来看，一个生命的"存在"与空无一物是完全
不同的。你的存在本身就已经是一件很伟大、很美好
的事。

无法顺利开花，不一定因为没有能力；经常失败，
也不是因为你很愚笨。

我们每个人都具备某种才能或能力。只不过花开
的时间不同，导致了花开与否的差异。情况可能会依
据为他人做出奉献的多少而发生改变，并且与对事物
的态度如何有关。我想，其中也有运气的成分。也就
是说，花开与否的差别非常细微。

生命的存在与否却有着非常大的差别，最重要的
是感恩"活着"这件事。为了鼓励自己，也为了让种

子焕发出生机，我想感恩自己能生存在这世间。无论自己是花还是草，我都想赞扬、认可自己的力量。我希望能喜欢这样的自己。

〇只要活着，岁月就会磨炼你。

喜悦的苹果、悲伤的苹果

假设在有喜事发生的日子里，会结出"喜悦的苹果"；在非常悲惨的日子里，会结出"悲伤的苹果"。

若是把这两个苹果摘下来放在天平上，我想重量应该是一样的。无论是好事还是坏事，都有着相同重量、相同价值，没有上下之分。

关键在于结出苹果这件事。我们被上天赋予了未曾拥有过的东西，所以无论喜悦还是悲伤，花园因为苹果的"存在"变得更加丰富多彩。在意识到这一点后，我的心里轻松了许多。无论每天发生什么，我都会心怀感恩。

事物之间都存在着关联，这世上没有单独存在的个体。

比方说，若是只存在"喜悦的苹果"，那么它就成了一个"理所当然"的苹果。正因为悲伤的苹果的存在，在品尝了两种味道之后，才懂得"喜悦"的美好。

此外，苹果可以供人食用，有时也会掉落在地上留下种子，孕育一棵新的苹果树。比起只含有"喜悦"这一种养分的土壤来说，那些还含有"悲伤""有趣""痛苦"的土壤孕育出的苹果营养会更加丰富。也有一些种子无法生长在只有"喜悦"的土壤中。

所有事物和人际关系都有着千丝万缕的联系。有好事就会有坏事，如果没有坏事，也就不会发生好事。如果我总能赶上好事，心里反而会感到不安。

<u>万事万物都讲求平衡，没有任何事是无用的、不该存在的。</u>

○好事、坏事都一定是你需要的事。

第四章

能为美丽的花园做到的事

请试一试用心，而不是用大脑

用脑还是用心

用身体、大脑还是用心？无论是人际关系还是生活态度，无论是生活方式还是工作方法，关键在于怎样在这三项之中做出选择。

生活在当今时代，我们的大脑时时都在运转，我自己也是如此。年龄越大就越聪明，这是件好事，同时也很危险。

在某地有一个打理自己花园的年轻人，只有一个水桶可以供他使用，他既不聪明也没有经验。

于是，他靠体力来照顾植物。每次浇水都要走到泉水边，把水桶装得满满的，再把很沉的水桶运到花园里，用舀子浇水。这样做既费力又费时间，但他拥有一个健康的体魄，所以干起活来十分卖力。

终于，年轻人意识到："如果从泉水处接一根软管，就不用每天去打水了。"然后他又发明了一种能够自动洒水的机器，就不用自己浇水了。他用经验培养出了智慧，开始使用大脑工作。

年轻人将机器设定为"早晚浇水"，但是这并不能一劳永逸。"早晚浇水"是年轻人按照夏季的经验形成的一种习惯，他认为，这样做就能把花养好了。

只依赖过去的经验使他忽略了外在条件的变化。到了冬天，晚上浇的水上了冻，植物因冬夜里气温骤降而萎蔫。因为并没有立即枯萎，年轻人认为，按照经验养殖肯定没问题。于是他对植物逐渐衰弱的样子视而不见。如果他能用心观察植物，应该就能发现枯萎之前植物那没精打采的样子。

我们每天都做着与这个年轻人相似的事。从体力社会转变为脑力社会后，一切事情都变得便利了。我并无意否定这种变化，只是感觉忘记用心是一件很危险的事。

我觉得正因为方便，哪怕发一封邮件都应当用心。扫除、工作、料理，这些自然都有需要用脑的部分，没有必要摒弃便利，但应该牢记的是，越便利就越应该有意识地用心。

身体、头脑和心，如果无法平衡这三者，就得不到幸福。

如果你在人际关系方面不顺利，可能就是过度用脑的缘故。遇到不顺利的事，就把自己向着用心推进事物的方向转移，这很重要。如果一直用心也会使人感到疲惫，可一旦不用心，人就会变得心不在焉。便利的条件越来越多，正因如此，更应该多多用心。"稍微多用点心"——在当今时代，能做到这样就已经很好了。

○寒暄、泡茶、打招呼，越是简单的事就越要用心去做。

勿忘"最初的心情"

做任何事我都会以"最初的心情"来对待。这对我来说十分重要，我把它当作自己的标准。

喝水、刷牙、寒暄、工作、扫除、写信，无论做什么，只要回想起"最初的心情"，就能让我产生有益的紧张感，我会变得更加努力和坦率。

有很多人每天都要自己做饭，其中大多数都是做得很熟练的老手。

"没有时间做饭，太麻烦了。""每天都要做，都想不出来做些什么菜了。"饭做多了，有时就难免会产生这种消极情绪。但是，在我们小时候，帮妈妈做饭时的心情却截然不同。

当我提心吊胆地、轻轻地握着菜刀时，心中既紧张又兴奋，感觉自己变成了大人，在进行一次了不起的冒险。哪怕做的只是一份玉子烧，而且用的还是已经打好的鸡蛋。

回归最初做饭时的心情，做出的饭自然是饱含心意的美味佳肴。这并不仅限于做饭，每次在做杂志、写文章的时候，都会找回"初次写东西""今天人生第一次做杂志"的心情。

找回最初的心情，意味着"重返一无所知时的自己"。实际上，没有比这更好的事了。无论是工作，还是做饭，熟练后就能具备一些知识和经验。而这些知识和经验既是能帮助我们顺利完成的、令人安心的工具，同时也是束缚自己的枷锁。

想要舍弃各种东西很难，因为知识和经验往往贴着自尊心的标签。

而随着知识和经验一同积累起来的还有"我是这样的人"或"这件工作应该这样做"等固化自己的执念。其实，"以最初的心情做事"并不意味着否定一直以来自己的积累，而是希望我们能时常丢弃固化自己的执念，让自己更加轻松舒畅。

30岁之前，随着年龄的增长，人变得越来越成熟，这是好事。但是从 35 岁左右开始，就应该转变自己，让自己越活越年轻。这样一来，我们就能一直活得朝气蓬勃、精彩万分。

回归最初的心情，有时并不需要使用头脑。不要拿聪明当武器，任何事都以一颗坦诚的心来面对。

要想用脑袋的话，就把它用来向人低头吧。低下头，谦逊地说："不知道，请您告诉我。""感谢您一直以来对我的关照。"

○若想头脑变得灵活，先拥有一颗柔软的心吧。

皇后的白菊花

我不擅长与人交往，也不会说漂亮话；不擅长应付需要缓和气氛的场合，总是回避人多的地方。

不是每个人都阳光开朗、善于社交，也会有像我这样的人。

正因为不擅长交际，我才特别重视问候。

"你好，最近还好吗？"

早上好、晚上好、再见、谢谢——我决定在这些最为常见的语句上多多用心。温暖的问候会成为保护我的铠甲，为了让对方感到开心我会用心问候。

2013 年 3 月，大桥镇子去世，享年 93 岁。她与花森安治一同创办了生活手帖社，担任社长，同时她也是一位广为人知的散文作家，著有《写给优秀的你》等作品。到了晚年，她依然在工作，一直坚持到最后，是个每次见面都不会缺少微笑问候的人。虽然从外表看，她已经是一位老奶奶了，但是随着岁月更迭，她积累了不输于任何年轻人的美丽，是我的榜样。

我们都亲昵地叫她"镇子小姐"，所以在这里我也这样称呼吧。这件事发生在帝国酒店举办的镇子小姐的追思会上。我作为生活手帖社的一员需要做回礼的工作，要向各位来宾问候致谢。皇后作为来宾之一，以私人的身份参加了这次追思会。

当时皇后低下头，恭谨地向着祭坛走去，护卫跟在她的身后，我就站在唯一一个能看到她献花姿态的位置上。

献花，其实是一种"告别的问候"。我觉得那一天自己看到了有生以来最美丽的时刻，皇后献花的姿态是如此饱含深情。

当然，我想其他献花的来宾也是充满感情的。但是看到皇后的献花过程，我甚至感到震撼："人真的能做到举止如此美丽吗？"

皇后把白色的菊花抱在胸前走上祭坛的姿态，就如同抱着一颗"告别的心"一样，非常美丽。她轻轻地捧着花束，也仿佛捧着对镇子小姐的思念之情。

　　皇后献花结束后便向我走来，跟我交谈了几句，令我再次感觉到，这就是所谓的"有心"吧，能够将对对方的关怀与担忧之情无言地渗透至问候之中。

　　这不是一种技术，也不是学习到的礼仪礼节。这种举止正是内心美的外露，是一种问候。有幸见到皇后高贵的姿态，我才意识到自己差得还很远。我产生了一个很强烈的愿望：期望有一天我也能像皇后一样能在问候中令别人感动。

　　我希望自己能多一些感性来关怀他人，为此，需要珍惜每天的问候。

　　○问候的时候想象眼前人"在思考什么、感受什么、想什么"。

找寻"需要别人帮助的事"

每个人都在寻找能帮助自己的事。

每个人都在寻找能帮助自己的人。

每个人都在选择能帮助自己的物品。

每个人都在等待帮助。

这是我曾经写在自己本子上的话。

我总是希望自己能获得帮助,比如,我进商店寻找"能解渴的东西",我会想到现在能帮助到我的东西有水、茶和果汁,然后就可以交钱购买了。这是在寻找一件东西能帮助干渴的我,通过自己找到答案。

同样地,我也会寻找"能帮助自己改善心情的事物",读读书、听听音乐,或是和别人聊一聊。无论吃饭还是工作,都是如此。

能给我们帮助的事物未必要自己寻找,多数情况下，会有人来帮助我们。这样的人无可替代，而且难能可贵。

我想要探寻世间的人都在为了什么事求助，如果其中有我能做到的，我一定会提供帮助。我总是希望能找到"需要别人帮助的事"，如果其中有我能做的，我就会非常开心地伸出援助之手。

寻找对方"需要别人帮助的事"，这需要我们细心观察，要用心度过每一天，而不是用大脑。都说现在这个时代找工作很难，人们过度使用大脑而不用心也是原因之一吧。

假设有个人在拉面店打工，如果他能在工作之中用心寻找顾客"需要别人帮助的事"，那会怎么样呢？在客人抬头的瞬间，还没有说出"请给我一杯水"的时候，这个人感知到了顾客的需求，马上为顾客续上一杯冰水。如果能以这样令人感动的方式工作，很有可能获得新的工作机会。因为我尊敬的几位店主都一脸认真地对我说过："我们一直在招人，如果你遇到了合适的人选，我马上让他过来。"

　　这样说听起来可能有自我美化的嫌疑，我的《生活手帖》的工作其实也是一样的。我并没有主动请缨，"请让我做主编"，也没接受过考试。我只是在工作中留心寻找大家"需要别人帮助的事"，就在这样的日复一日之中偶然得到了主编的工作。

　　不仅限于《生活手帖》，我们能得到用大脑工作无论如何都无法得到的机会，这机会就是我们平时用心工作和生活的结果。

　　我们可以把笑容当作线索来寻找对方"需要别人帮助的事"。笑容可以打开他人内心的防备，是了解对方需求的开端。我们都应该为对方做一些自己眼中很高兴能得到别人帮助的事。

　　〇人、机会和福气都比较青睐爱笑的人。

130

彼此成全

无论在生活还是工作中，"彼此成全"很重要。

自己之外的人、事、物、自然——我认为，与这些和自己相关的一切、自己遇到的一切互相成全，是人类生存下去的基本原则。

所以，我们需要时常停下脚步。

"怎样才能成全这支铅笔呢？"用来填写快递单发挥不出铅笔的优点，又不适合用来书写大量的文件。可是在随意涂鸦、随手记录下闪现的灵感时，铅笔的柔软笔触和自然的深浅色泽就展露了出来。最大限度被成全的铅笔可以帮助我思考。这样我与铅笔就实现了互相成全，我想这是幸福的关系。

我也时常会思考："怎样才能成全这个人呢？"人要比铅笔更加棘手，无法简单地给出答案。家人、朋友、同事、客户，我总是在思考如何成全一个人，并把这件事当作人际交往的基础部分。

成全一个人，并不是有求于对方，我们应该主动提出帮助。这样才能确立互相成全的关系。

当我们不知道应该如何成全对方的时候，可以做好想让别人为自己做的事。前面也提到过，你喜欢别人为自己做什么，就要为别人、别的事物做什么；不喜欢别人对自己做的事，也不要强加给别人或别的事物。只要记住这一规则就能游刃有余。

如果不喜欢别人向自己扔东西，那么哪怕一个抱枕也不要扔给别人；既然不愿意别人随便弄脏自己的衣服，就不能污染大自然；因为不愿被别人无情的话伤害，所以就不要说出伤害别人的话。

对待物品要像对自己的身体一般用心呵护；对待大自然要像待自己的父母一般珍视；当感觉"被别人以这样的笑容问候心情很愉快"，那么就请你也这样去问候别人。

我理解的爱就是一种成全，相爱就意味着彼此成全。通过爱与被爱，双方共同成长，从而诞生一个和谐的世界。

可能有人认为彼此成全这个概念太抽象，很难实现。但其实都是些从今天起就能做到的事。只要我们能放下总是在强调"我……"的私欲和"只要自己合适就行"的自以为是，就能迎来自己被成全的时刻。

〇所谓精致生活，就是"用心生活"。

下功夫是一种情意

无论练习还是学习，很多事不用下功夫也能完成。

也有人认为，只模仿别人的行为、仅仅学个样子，或是暂且调整一下外形就可以。

"学了这些礼仪就再也不会丢人啦！"请客招待时只要按照别人教的去做，的确能很好地把控全场。

"只要记住这些，就能做出不逊于专业厨师的佳肴"，只要按照所学的去摆盘，就可以完成一道看起来很美味的菜品。

但是，这些都没有用心。即使能记住做法，但无法表现出能打动别人的个人特色。如果把这些东西拼凑在一起，根本无法帮助我们和他人建立联系。只懂粉饰外表的话，连播种都做不到，就更别提开花了。

在别人传授的基础上，自己再下一番功夫吧。如果用常见的模式轻而易举就能处理好的话，就下功夫思考一下"怎样才能做得更好",经过不断摸索、反复尝试,努力让自己做得更好。只要自己下功夫,做事就用了心;只要用心,就会充满情意。

这时需要注意的是,不要一味地在"下功夫"上钻牛角尖,不能只是左思右想而不付诸行动。无须停下脚步,可以一边行动一边研究。我认为这样安排比较合理。

简单的就是厉害的,省事的就是好的,省时间的就是智能的——这些标准到底是由谁决定的呢?我认为,低声沉吟,思考并下功夫:"虽然已经足够了,但我还想做得更好!"这不是负担,而是一种幸福。

○只要愿意反复下功夫,一扇只有你能知道的秘密之门就会开启。

用身体了解的事

"用身体、大脑和心",从这个角度来看,我们应该有意识地使用自己的身体。我们的身体与心相连,用身体经历、用心感受、用大脑思考,把这个循环持续下去就可以了吧。

在这个便利的时代,大多数事情基本都能用邮件解决。不用特意去一趟就能知晓地球另一面是怎样的风景;不用试吃,通过大家的评价就感觉自己好像了解了一家餐厅怎么样。

但是,终究只是"感觉自己好像了解了"而已,其实并不完全了解。如果任凭这种状态发展下去,就会让知识不断地增加。知识越来越多,用心感受的事和自己思考的事就越来越少。

这也是时代的趋势,我总是忧虑地想:我不能随波逐流。

为了用身体去经历，让我们外出吧。信息并不是知识，既不用搜集，也不用向别人打听。信息＝经历，我认为只有自己经历过的事才能算是信息。

"美味、厉害、漂亮，这个人是这样的人"这一切都要在自己经历的基础上才能有所思考或者说出来，即使借走别人的经验，也不会成为自己的智慧。我认为，最重要的是，放弃自己去探索的乐趣很可惜。

用自己的身体，实际去看、去感受，去触碰鲜活的真实。特别是擅长用电脑的年轻人应该注意。

经历过的事，可以帮助自己变得更优秀。敢于挺起胸膛说一句"我是这样想的"，请体会这份喜悦吧。

○有过各种经历的人最棒了。

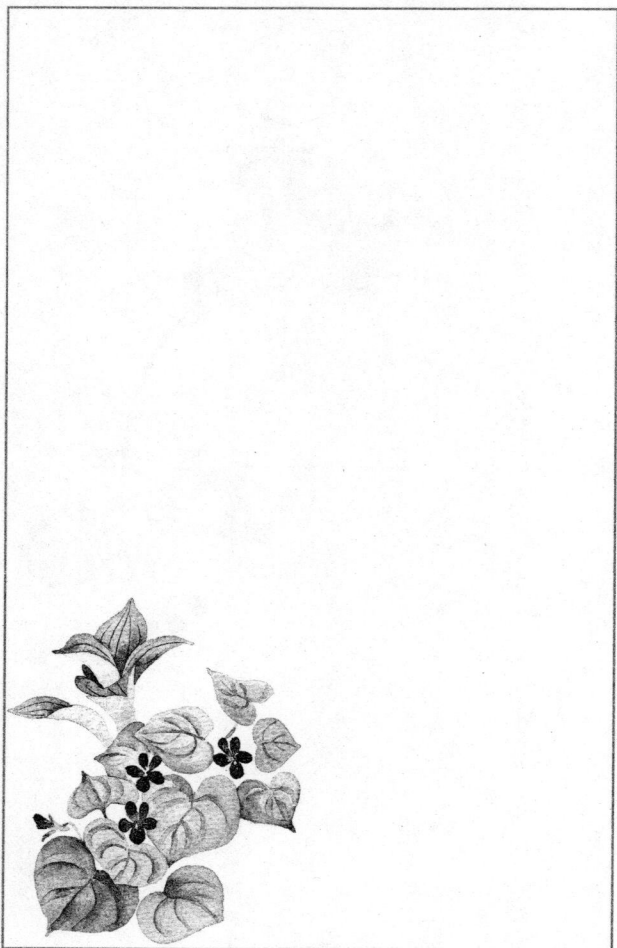

第五章

让世间开满幸福之花

建立联系，并且迈出第一步

幸福，是与他人建立联系

最近我一直在思考：什么样的人是幸福的？然后我找到了答案：幸福的人，就是透彻地理解幸福为何物的人。于是，我又开始思考：那么，幸福是什么呢？随后我找到了答案，那就是"与人加深联系"。

在自己的院子里播种、浇水施肥、等待花开是一件美好的事。但是，如果自己家是一个单元十户中的一户，其余九户房间的庭院都荒废着，那会是什么感受呢？如果是我的话，会感觉空虚、寂寞，更不会有"自己的花园比其他家漂亮"的自豪感。

即使自己的花园独自美丽，也不能令我感到幸福。大家的花园都变美了，才能欣赏到美感。这需要与邻居加深联系，给对方分享自己的种子。有时候换土、种植新的花草也需要对方的帮助。

最理想的情况是，在我们把自己的院子打理干净后，能自然而然地影响到邻居。

比如，右边的邻居看到我们的院子后会想："我们家也整理一下吧。"于是他收拾起放在院子里的坏掉的自行车，开始除草。

又比如，"普普通通的家也能那么漂亮"——受到刺激的左边的邻居会向我们询问建造花园的方法。这样一来二去，就建立了人与人之间的联系。

即使一开始大家的花园有些相似，最终也都会展现出自己的特点。有的院子种了很多能结果实的花，有的院子每一季节都会绽放色彩鲜艳的花，有的院子以绿色为主，清新淡雅。正因为彼此存在差异，才能互通有无。

这三户美丽的院子已经修整完毕，然后影响会蔓延到他们的隔壁、隔壁的隔壁，乃至整个单元都拥有了美丽的花园。再逐步扩展到整条街、整个地区，最后整个世界都会变得更加美丽。如此一来，就能结出各种种子，大家相互交换后又会出现新的种子，世界将变得多么丰富多彩。

年轻时，得到并拥有某种东西或发生一件好事都是一种幸福。但不知从何时开始，我们变得并不仅仅满足于此，因为这些都是一个人的幸福。

比起独自一人享用美食，我更希望能与别人分享。通过与别人共享美味和快乐，我们就能建立紧密的联系。于是，吃什么就变得无所谓了。分享喜悦，与人相连——我想这才是真正的幸福。

另外，为了获得幸福，我们还需要渡过难关、突破困境，还需要克服各种困难。根据我自己的感受来说，特别是从 40 岁到 50 岁，这一时期身心都会出现异常的变化。人往往会变得没精打采、情绪消极低落，时常苦恼地想："我的人生到这里就可以了吗，到此就结束了吗？"自己精神上、身体上的不适，再加上孩子、父母、家庭、工作的压力，令人烦恼不已：怎样才能熬过这一时期呢？

要想翻越这座大山，与他人的联系必不可少，如家人、朋友、伙伴、导师这些对自己来说的"贵人"。在艰难的时期，与他们的联系治愈了我，我感觉因为这些有益的联系，糟糕的情况也能有所好转。别人治愈我，我治愈别人，这一切都是相互的。

我在很多本书上都提到过，我认为人类基本上是独自一人在生活，孤独是生存的条件，是生而为人的条件。正因如此，多与别人建立联系吧。正因如此，请温柔待人。人可以通过与他人联系来跨越苦难，抵达幸福。

　　○从自己做起，将自己所在的街区改造成"鲜花盛开的街道"吧。

幸福的接力

对别人不发火、不责备、不说谎、不嗔怪。不抱怨别人，不说别人的坏话。

我把这几句话记录下来，作为"在幸福新年里与自己的约定"。这是我在提醒忙得透不过气来的自己：不要伤害别人、不要与别人起争执。因为如果别人过得不好，即使只有自己过得好，也不会幸福。

所谓幸福，指的是自己内心的状态。但是，仅仅是自己内心感受到幸福还不够。在自己感受着幸福的同时，还需要进行接力，看看怎样才能把幸福传递给大家。

我们不能自己独占欢喜、快乐和从心底感激的事。如果任凭"多一些，再多一些"这样贪婪索取的心思发展，幸福就会离我们而去。

当感到自己很幸福的时候，请把这种幸福感以接力赛中传接棒的形式传递给他人。这位接棒者又会传给下一个人。如果幸福的接力能像这样继续下去，接力棒很有可能会再次回到自己手中。

关于金钱与幸运的关系众说纷纭，我能肯定的一点是，在金钱方面最重要的不是存钱的方法而是使用方法。一位我很尊敬的导师曾告诉我，钱如果不花出去就没有任何意义。如果把钱花对地方，钱不但不会减少，甚至会越来越多。

幸福也是如此，重点在于"如何使用"。如果你感到幸福，就应该把这份幸福也带给别人。因为幸福无论怎样使用都不会减少。

〇创造自己的幸福，然后与别人分享吧。

美丽的接力

"即使一块新布料都没有，你也能变得更美。《时装手册》 定价 12 日元　运费 50 钱　数量有限　请交纳订金预订。"

昭和二十一年（1946 年）五月，战争结束后不久，报纸上出现了这样一则如火柴盒大小的广告。投放者是要创办《生活手帖》的前身《时装手册》的"服装研究所"。广告刊登以后，从日本全国各地寄来的挂号信堆积如山，据说因为不停地用剪刀剪信封，有的人的手上都磨出了茧子。

在当时混乱的社会中，女性是怎样的心情呢？她们既没有钱，也没有物资。即便如此，我想她们依然拥有对美好事物的向往并怀抱希望。

正因如此，很多女性才会被"即使一块新布料都没有，你也能变得更美"这一句非常简短的广告语吸引，并为购买这本杂志寄来了挂号信。

即便如此，在服饰杂志上打出"即使一块新布料都没有，你也能变得更美"也的确算得上是划时代的壮举。这意味着从不允许打扮的战争期间向着对打扮可以抱有幻想的战后时代的转变。虽然战败后人们的生活不可能马上就发生变化，但或许这句广告语能让女性的心为美好接力，让大家意识到已经到了一个能够恢复幻想的时代。

我想，"即使一块新布料都没有，你也能变得更美"这句话传递的理念是，即使不用新布料做衣服，也希望自己变得更美、生活更美好的女性，一定能变得更美丽。

是的，任何人都能变得如同宝石一般美丽。上天平等地赋予了每个人变美的力量。只有自己能让自己变得像宝石一般美丽，任何人都可以做到。这样想，我们就能有勇气去追求美。

每个人都是美丽的，大家都拥有变美的能力。这种能力并不是由别人培养的，而是要自己培养。如果有一个美丽的人和一个不美丽的人，我想他们的差距仅仅在于是否放弃了"把自己变得更美"这件事。

为了能把幸福之花传递给别人，首先要给自己补充充足的水分，精心培养、用心呵护，让自己变得更美丽。因为，你具备绽放更多花朵的能力，而且更加美丽的你还在沉睡。充满生命力的美丽能给予人力量，拥有使人幸福的能力。

○每天都要打扮自己，让明天的你比今天更漂亮。

聆听时做个孩子，说话时像个大人

要想与别人建立联系，沟通很重要。沟通的核心大概就是语言了吧。

我会在三个方面比较用心。我用心的第一点是，像孩子一样聆听。

听别人讲话时要像什么都不懂的孩子一样，倾听时做一个"无知的自己"。无论参加演讲会，还是边喝茶边与人聊天，只要是向别人求教，我都会以一种一无所知的姿态坦诚地应对。即使对方很年轻、资历比较浅，我也不会改变态度。我希望自己能做到：即使对方讲的都是我已经知道的事，我也不会说出"这些我都知道了"，而是感谢对方："谢谢您告诉我。"

我用心的第二点是，以大人的身份讲话。特别是在众人面前说话的时候，应该自信满满、堂堂正正地陈述自己的意见。说得极端一点，我认为调整成"我是全场最厉害的人"的心态就刚刚好。

在众人面前讲话，说明大家是特意来听你说话的。既然如此就不要畏惧，挺起胸膛、自信满满地讲话是一种礼节。有人特意来参加演讲会或者脱口秀，如果你畏首畏尾地说出一句"这么讲可能不对……"岂不是很失礼？

我用心的第三点是，在与别人对话的时候，尽量一边设身处地地想象对方的心情一边讲话。无论是好事还是坏事，都应该以一颗考虑他人感受的心传达给对方。我在写文章的时候也在注意这一点。

"对自己的妹妹、兄弟或孩子应该怎样讲话呢？"

想象一下，对自己的兄弟姐妹或孩子讲话时的态度，在不得不对合作方放狠话或是提醒属下注意的时候，就能以体恤他人的态度传达自己的意见。

○一旦你生气了，还请问问自己："如果对方是自己的家人，还会以这样的态度对待对方吗？"

"礼物"请选择书信与笑容

写信是一种作用于各种联系的、重要的交流手段。写信也是我个人很喜欢的一件事，我希望自己能一直拥有勤动笔的习惯，并且还想把这个习惯推荐给别人。当然，电话和邮件我也在用，但写信这个行为比较特别。

在写信的 10 分钟、20 分钟里，你会只思考收件人一个人的事，也就是说把自己的时间只用在一个人身上。所以，当收到别人写给我的信时，我会非常开心。我认为，书信是表达感激之情的最为直白的形式。

特别是在工作上，以书信开始，以书信结束，这是我的交流方式。我认为，没有比书信更适合表谢意、尽礼数的方式了。

写信往往容易给人一种很恭敬的印象，所以应当避免表面恭维、内心轻蔑。如果用高档的信封或信纸，为了不给对方造成负担，要装出随意的样子，周到地处理好这种平衡。书信的形式可以因人而异，因为，重要的是用书信这种形式来传递谢意这一行为本身。

礼物是人们表达心意的一种物质体现。如果让我选择礼物送给珍视的人，我会选书信和笑容。

不管怎样，笑容很重要。经常保持微笑既有益于健康，对别人来说也是好事。笑容是魔法的礼物，能够使人受益良多。

认为自己一无所有，无法给别人什么的人只要能保持笑容，就是送给大家的礼物。

〇今天给一个人写信，并且给十个人送出笑容吧。

想象力与周到的用心

不对彼此的工作评头论足。不剥夺对方的时间。

这是电影导演、编剧松山善三先生和女演员、随笔作家高峰秀子女士结婚时定下的"两个愿望"。

这是我在名为《高峰秀子：夫妻的做派》的书中了解到的，我觉得这对于双方都在工作的夫妻来说是非常重要的约定。无论是夫妻，还是家人，成全别人很重要。我感觉这对夫妻告诉我们：爱，就是一种成全。

这对夫妇的养女斋藤明美女士是这本书的编辑。该书介绍了松山先生曾经对斋藤女士说过一句话："所谓爱情，就是帮对方做他（她）想做的事。"

爱并不是让对方按照自己的想法去做，也不是喜不喜欢对方的问题，而是无论是非对错，帮对方实现其愿望。我想，这是超越了善恶、仅存在于两个人之间的牵绊，是终极版的爱情。

这对夫妇有很多事都值得我向他们学习。我还记得一个令我很感动的小插曲，那是一个关于咸菜的故事。松山先生不喜欢咸菜，结婚时他说过："请一辈子唯独不要吃泽庵咸菜。"自那时起，高峰女士便再也没有吃过，也没有端上过饭桌。

在松山获得由文化厅主办的编剧奖时，斋藤明美给松山先生送去他喜欢的竹叶亭的鳗鱼饭，高峰女士马上注意到在多层饭盒的角落里有泽庵咸菜。于是，高峰女士在端给松山先生之前悉心地把泽庵咸菜挑出来，周围的米饭因为会沾染上味道所以也一并取出，并且还用团扇把咸菜的气味扇了扇。

高峰女士如此体贴周到，如此细致入微，哪怕一个小小的约定也要严格遵守。她并没有说什么"要是不喜欢剩下就好了"，而是用心让对方发现不了饭里曾有过咸菜。实在是太厉害了。

正因为有这样的想象力和周到的用心，高峰女士才能成为有名的女演员吧。

我不知道自己能否做到同样的事，但无论在生活中还是在工作中，我希望自己能做到关心别人。特别是，共同生活的家人、伴侣都是不可或缺的存在，用爱去成全身边的人，这大概是基本中的基本吧。

如果让家人伤心难过或是牺牲家庭，那么我们将一无所获。就算假设能得到什么，我想其中并没有真正的幸福。

经常有人会问："工作和家庭哪个更重要？"想都不用想，一定是家庭。

○尊重家庭中每一个人的"花园"。

在网络上的相处之道

我认为，在网络上有时也是有可能与好人建立联系的。

无论是在实际生活中面对面的交流，还是在网络上的交流，都应该平等对待、用心珍惜。因为这都属于人际关系的一部分，我们应该认真遵守基本的规则与礼节，并且不要忘记体贴他人。在网络上交流，联系彼此看不到对方的容貌，有时甚至可能是匿名的，正因如此，我们才应该格外注意不能以自我为中心。

"不要忘记任何事物的背后都有人的存在。"

记住这一原则，便可以应对大多数事情。

我不用 Twitter 和 Facebook，非必要时也不会发邮件。我本身是个彻头彻尾的书信派，如果我说"网络上的朋友也应该珍惜"，可能会有人觉得不可思议。

虽然我自己不用这些，却并不否定。

互联网刚问世时，为了了解那到底是什么东西，我做过各种尝试。我一直都对新事物抱有兴趣，现在也会大致地了解一下最新的科技产品。对于网络，我们应该注意的是把控好平衡。人们很容易沉迷于网络之中无法自拔，且容易过分依赖网络的便捷性。

所以，如果在网络上与人交流太多，就要多见一见实际生活中的人。若是经常出门与人见面，就可以多利用一下邮件，或是在家看看书。我们应该保持这种平衡感。

环境也会影响网络的使用情况。我偶尔会去东京，幸运的是自己在媒体行业工作，拥有便利条件，想了解什么、看些什么都唾手可得。比如，我可以直接询问别人"哪场音乐会比较精彩"，如果自己也想去听的话坐上电车马上就能去。

但是，有些人身处很难获得信息的环境之中，或是居住的地方比较偏僻、去不了自己想去的地方，他们通常会通过网络了解世界或与人交流。对于需要照看小孩或者常居海外轻易见不到朋友的人来说，运用网络进行人际交往应该很重要吧。

　　提到科技产品，今后应该会具备越来越丰富、便利的功能，只要妥善利用，应该可以改善自己的生活方式。所以，我希望自己能带着好奇心经常接触科技产品，不盲目拒绝，我要以自己的方式去接纳与利用。"我有数码恐惧症，所以和我没关系"——我认为这样拒绝接触科技产品，让自己的世界变得狭窄是非常遗憾、可惜的事。

　　我曾听过七大洲最高峰登顶者、摄影师石川直树先生讲述电子书籍的优点。据他说，为了让身体适应山峰的高度和稀薄的空气，实际上登山过程中会有很多"等待的时间"。因此，一直以来，书对他来说都是必不可少的物品。但是，书很重，会给自己的身体增添负担，若是让夏尔巴人帮忙搬运又需要花钱。

　　前些日子挑战珠穆朗玛峰，他第一次带电子书阅读器登山。又轻又薄的电子书终端设备可以存储上百本电子书籍，而且电子书的背光能帮助他在黑暗中阅读，十分方便，他觉得这真是个令人感动的发明。我想，登山或者旅行的人用起来方便自不用说，电子书对于住院的人和不方便去书店的人来说真是划时代的发明。说不好什么时候某件物品就会成为自己的最爱，我希望能保持这种新鲜和灵活的感觉。

〇信念很重要，固定观念不需要。

以"我很开心"结尾

　　人类是很脆弱的生物，如同植物一样，不浇水会干涸，遭到踩踏会枯萎，树枝会被风刮断。我们应该了解这些弱点，但只了解自己的弱点是不够的。

　　"并不是只有我一个人脆弱，我身边的人也一样脆弱。"

　　无论职位高低，都同样脆弱。看上去不会消沉的可怕上司、刁钻强势的邻居实际上都没有那么强大。他们和你一样，会害怕、会受伤、会伤心。既然彼此都脆弱，相互扶持、互相认可大概是最好的选择。

　　话虽如此，人们也避免不了摩擦，矛盾与纠纷时有发生。在这种情况下，最有效的解决办法就是不要纠结于细枝末节。我们应该调整好情绪，让自己总是面带微笑，不要闷闷不乐的。而且，还应该放下"要把所有事都做好"的执念。

不去想与别人应该融洽相处。

不去想要给大家留下好印象。

这并不意味着"不用考虑对方的感受，自己怎么高兴就怎么做"，而是希望大家能从不完美的交流中体会到快乐。

无论是家人、同事，还是朋友在一起，人数一多，意见就很难做到完全一致。大家在一起会进行认真的讨论，召开不明所以的会议或发生毫无意义的争执。这些都是在进行沟通。如果要给这些沟通制定一个规则，我制定的规则是：在沟通的最后能让大家都感觉到"聊一聊真好"。哪怕意见并不明确或是带有个人感情色彩，也要自由地抒发，然后大家在谈话结束时以一句"聊得很开心"作为结尾。只要按照这个规则进行，我相信大部分事都能顺利展开。

讨论完令人不快的事情后，在不改变气氛的状态下仅以一句"到此为止"结束谈话，每个人都闷闷不乐地各回各家。这样的谈话或会议，任凭大家如何绞尽脑汁想出解决方案，最终结果也毫无意义。

既然大家都是非常脆弱的人类，更应该豁达一些，因为自己也很脆弱，所以可以体谅，也应该体谅对方的脆弱。如果能做到彼此关心体谅，即使发生一些龃龉，随着不断的沟通，彼此会逐渐成长，变得越来越优秀。

当几个人聚在一起进行深刻探讨的时候，气氛会不知不觉地沉重起来。所以，你可以率先带来一些欢乐。这也是你"可以给予的东西"。请记住，"时常给予"需要从你做起。

○无论任何事，结束语请用"谢谢"。

让自己的花园与社会相连

"我没什么可以为社会做的事。"

相信大多数人都这样认为。可是，说到底这只是个人的主观臆断。既然我们存在于这个世上，就能为社会做些事情。

比如，我们可以把自己家的花园修整得更美丽。我认为"造景"是很卓越的社会贡献，即便花园的面积很小。反之，如果你认为"反正花园是自己的，想怎样都是自己的自由"，就把花园堆得像垃圾场一样，会给周围的人和环境造成困扰。

认为自己为社会做不了什么的人，应该努力让自己变得更好。每天播种、浇水，培育自己吧。

其实，这也是我嘱咐自己的事。因为我偶尔也会被"自己为社会做不了什么"的想法困扰。

有很多事能令我们失去信心，即便如此，我依然竭尽全力做好自己能做的事，比如带着笑容问候别人，把自己的想法装订成书，以及制作一本大家认为有用的杂志。

这样的播种踏实稳健，虽然暂时好像一朵花都没有开，但是，花朵终会在某一时刻绽放，有时喜讯甚至能够传递给素昧平生的人。

以读者朋友们寄给我的明信片和书信为例。

一位读者朋友比我年长很多，他自称常年在车站的小卖部工作。明信片上的字写得很漂亮，上面写着他利用短暂的休息时间看了我的书，获得了力量。但其实我也从这封来信中获得了力量。

在车站小卖部的工作需要长时间站立，为了能在很短的时间内让客人满意，相信他一定下了不少功夫、用了不少心吧。或许偶尔也会遇到刁蛮无情之人让他觉得很难过。我想这是一份很辛苦的工作。如果能让这位人生阅历丰富的朋友获得哪怕一瞬间的鼓舞，我也会感到非常开心。

另一位读者朋友给我写了一封很长的信，倾诉自己有着各种烦恼，过得很不顺心，并且有心病。他告诉我朋友送给他一本我的书，他是画着线阅读的。最近他明白了很多事，包括自己应该怎样做。他最后总结说自己一直以来总会忍不住埋怨别人，但是首先应该改变的是自己，从我的书中他获得了勇气。并且，他还准备将我的书当作礼物送给其他朋友。

　　在这些朋友的明信片或信件中，都写着他们是如何从我的书中得到鼓舞和勇气的。其实我也一样，不，我得到的鼓舞与勇气还要更多一些。我感到非常光荣、喜悦，内心激动无比。

　　我无法分享给大家多么高深的智慧。

　　没有断言"不做这个就不行"的自信。

　　因为我自己也是一个会感到迷茫、比较脆弱、会因"自己为社会做不了什么"而感到不安的人。

　　正因如此，我尽心呵护自己的花园，并希望能把在这里学到的东西不遗余力地传递给别人。我希望大家都能撒下种子，用心把自己的花园打理

得更整洁。如果很多花园都能越来越美丽，那该
有多好！

　　○众多小小的、美丽的花园汇集在一起，就能诞
生一个美丽的世界。

能否告诉我，大家的花园开出了怎样的花？

请再听我多说两句吧。

有句话叫作"一切都是自己种下的种子"。除了无法预防的灾害、疾病和事故以外，在日常生活中，遭遇悲伤、痛苦和困难的时候，都可以用这句话来劝诫自己。一切因果都起源于自己，的确如此。如果我们能这样想，就可以谦虚地学习，克服困难向前走，然后就能看到新的景致。请先让自己拥有一颗坦诚自省的心吧！

如果苦难的原因在于"自己种下的种子"，那么当有好事、令人开心的事发生时，也应该感谢"自己种下的种子"。也就是说，未来无论发生好事还是坏事，都取决于今天自己种下什么样的种子。人类是脆弱的生物，因此有时在没有意识到或者说是明明知道却还是身不由己的情况下种下了不好的种子。我认为这样也并非坏事，总有一天种下的种子一定会反馈给自己，从结果来看这也是一种学习，会帮助我们成长。

每天都一点一点地播种不好的种子，但好种子总比不好的要多种上一粒。即便如此，也一定能建成一座具有你自身特点的美丽花园，我想幸福将会在你的生活中悄然而至。读过这本书后，请在各位心灵的口袋中多加上一些名为"今日份精彩"的好种子，哪怕只有一粒也可以。

插图
阿部真由美

原书制作
千部宗治 · 富永志津

原书编辑
见目胜美

原书编辑助理
青木由美子

版权登记号：01-2021-1394

图书在版编目（CIP）数据

幸福的小种子 /（日）松浦弥太郎著；徐萌译.
-- 北京：现代出版社，2021.5
ISBN 978-7-5143-9019-3

Ⅰ.①幸… Ⅱ.①松…②徐… Ⅲ.①人生哲学－通
俗读物 Ⅳ.① B821-49

中国版本图书馆 CIP 数据核字（2021）第 044570 号

SHIAWASE WO UMU CHIISANA TANE
Copyright © 2013 by Yataro MATSUURA
First original Japanese edition published by PHP Institute, Inc., Japan.
Simplified Chinese translation rights arranged with PHP Institute, Inc.
through Shanghai To-Asia Culture Co., Ltd.

幸福的小种子

著　者	［日］松浦弥太郎
译　者	徐　萌
责任编辑	赵海燕　王　羽
出版发行	现代出版社
通信地址	北京市安定门外安华里 504 号
邮政编码	100011
电　话	010-64267325　64245264（传真）
网　址	www.1980xd.com
电子邮箱	xiandai@vip.sina.com
印　刷	三河市宏盛印务有限公司
开　本	787mm×1092mm　1/32
印　张	5.75
字　数	118 千字
版　次	2021 年 5 月第 1 版　2021 年 5 月第 1 次印刷
书　号	ISBN 978-7-5143-9019-3
定　价	39.80 元